给孩子讲人工智能

涂子沛◎著

童趣出版有限公司编　人民邮电出版社出版
北　京

图书在版编目（ＣＩＰ）数据

给孩子讲人工智能 / 涂子沛著；童趣出版有限公司
编. -- 北京 ：人民邮电出版社，2020.8
ISBN 978-7-115-53882-6

Ⅰ. ①给… Ⅱ. ①涂… ②童… Ⅲ. ①人工智能—少
儿读物 Ⅳ. ①TP18-49

中国版本图书馆CIP数据核字(2020)第069403号

责任编辑：何　况
执行编辑：马璎宸
责任印制：李晓敏
封面设计：韩木华
排版制作：杨志芳

编　　　：童趣出版有限公司
出　　版：人民邮电出版社
地　　址：北京市丰台区成寿寺路 11 号邮电出版大厦（100164）
网　　址：www.childrenfun.com.cn

读者热线：010-81054177
经销电话：010-81054120

印　　刷：雅迪云印（天津）科技有限公司
开　　本：710×1000　1/16
印　　张：12
字　　数：130 千
版　　次：2020 年 8 月第 1 版 2024 年 7 月第 17 次印刷
书　　号：ISBN 978-7-115-53882-6
定　　价：58.00 元

序言

发展大数据和人工智能已上升为我国的国家战略，这一战略能否见到成效，与国民对这两项技术如何推动历史进步的认识有很大的关联。

第二次鸦片战争前后，魏源编著了《海国图志》，严复翻译了《天演论》，但并没有唤醒民众，中国失去了从农业文明向工业文明转变的历史机遇。21 世纪上半叶，世界已进入信息时代的新阶段，正在逐步走向智能时代。近年来，一些有远见的学者和先辈心意相通，他们致力于宣扬新的数据观和智能时代的理念，涂子沛先生就是其中的代表。他不但出版了《大数据》《数据之巅》《数文明》等脍炙人口的大作，最近又撰写了两本引人入胜的新书：《给孩子讲大数据》和《给孩子讲人工智能》。

工业时代的传统教育侧重于数理化，教给学生的知识大多是用来处理已掌握内在规律的问题，许多工作也是按部就班、照章办事，这些岗位很可能会被智能化的机器取代。新的时代需要新的知识结构，要学会从大量数据中发现知识和规律，以适应不确定的、动态变化的环境。今天的中小学生是未来智能社会的原住民，他们必须有适应智能化生活的思维方式和想象力。涂子沛先生的这两本书没有枯燥的公式和程序，而是通过一个又一个有趣的故事，告诉人们数据如何变成知识、一批聪明而执着的学者如何在艰难曲折中发展人工智能的技术。

　　孩子的心像春天的泥土，播什么种就发什么芽。我相信，这两本书在孩子们心中播下的种子会成长为参天大树，树上会结满迷人的智慧之果。

中国工程院院士
中国计算机学会名誉理事长
中国科学院大学计算机与控制学院院长

　　1946 年，世界上第一台计算机诞生，人类文明开始了新一轮的大跃迁。一开始，人类把这个新的时代称作信息时代。信息时代最大的特点是，以前很难找到的信息和知识现在很快就能找到了。

　　但随着历史画卷的徐徐展开，当我们来到 2020 年，突然发现"以前很难找到的信息和知识现在很快就能找到了"这句话，已经不能概括这个时代的核心特点了。新时代像一列疾驰的列车，它载着我们已经远远地驰过了那个标着"信息时代"名称的站台，我们正在跨入一个更新的时代——大数据驱动的人工智能时代。

　　今天，这个新时代的特点已经非常清楚了，人类文明正在从以文字为中心跃迁为以数据为中心，传统的机器制造正在升级为智能化的无人工厂，机器人的时代正呼之欲出。

　　以大数据为基础的人工智能是推动这场文明大跃迁的革命性力量。这里所说的"大数据"，是指数字化的信息，即以"0"和"1"这种二进制保存的所有信息。一行文字、一张图片、一条语音、一段视频，今天我们都称之为数据。

　　你肯定用过计算器，输入数字进行加减乘除运算，很快可以看到一个数字答案，它代表一个数量。现在，智能手机不仅能计算，还有更丰富、更强大的功能。你可以直接用声音命令手机回答"世界上哪里的葡萄最甜"，就像童话《白雪公主》中的魔镜，它会立刻给你答案。

这些答案可能是五颜六色的图片、有趣的采摘视频，也可能是网页链接，包括大量的文字描述和数字。你能想到的，网上全有；你想不到的，网上也有。它们会告诉你葡萄从何而来，哪个国家是原产国，第一瓶葡萄酒是如何产生的，甚至还能带你进入"葡萄美酒夜光杯"的唐诗世界。

除了惊叹以外，你想不想知道秘密到底在哪儿？原来，手机在听到了你的命令之后，经过自然语言处理，将你的声音翻译成了计算机才能听懂的语言，人工智能像一张渔网一样撒向数据空间，捕捉每一则与葡萄有关的信息，最终以文字、图片、语音、视频等多种形式呈现在你的手机屏幕上，告诉你世界上哪里的葡萄最甜。

对，就是数据空间！

数据不像高山、大海、森林、矿藏那样独立于人类存在，它完全是人为的产物。人类正在其生活的物理空间之外打造一个新的空间，人类在这个新空间中停留的时间将会越来越长，甚至比待在物理空间的时间还要长。在新的数据空间里，数据和智能主导一切，这就是人类未来发展的大趋势。

时代变化如此迅猛，可谓波澜壮阔，激荡人心。你肯定也观察到了这些变化，你对大数据、人工智能可能也兴奋很久了。未来的你将在这一场文明大跃迁中扮演什么样的角色呢？

我希望你能参与其中的创新，做一个新时代的建设者。这是一个大创新时代，数据是科学的载体，数据是智能的母体，真理要从数中求，基于数据的创新将成为世界发展的先导。数据无处不在，人皆可得。这个新时代的创新将不再是少数人的专利，创新将走向大众化，集中表现为万众创新。摆在你面前的这本书，就是为你迎接、参与这一场大挑战而精心定制的。

你现在打开的是《给孩子讲人工智能》，《给孩子讲大数据》是它的姊妹篇。我鼓励父母和孩子同步学习，共同阅读，它们将为你们打开通向新世界的大门。

如果你能认真地阅读完这两本书，我相信你对人工智能、数据科学领域必须掌握的概念、知识和工具将会非常熟悉。这是新世界的语言，你将可以进阶，和专业人士展开交流。这两本书最大的特点是有故事，主角是一些聪明、执着和勇敢的人，讲述他们如何改变世界。我希望这些故事能如春雨一般，用"润物细无声"的方式在你的头脑中滋养新世界的思维方法和价值观。

有一天，你会坐在大学的教室里，可能你在回答教授的问题，可能你在和同学展开激烈的讨论。我希望，你会不经意地突然想起这两本书，而那一瞬间，一丝微笑浮现在你年轻灿烂的脸庞上。

这将是我莫大的荣幸。

涂子沛

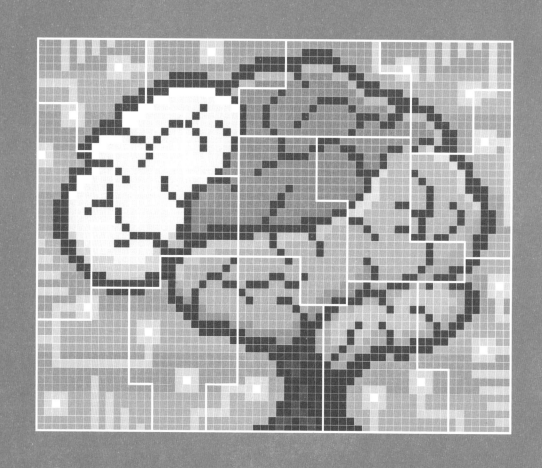

目录

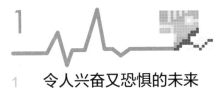

1

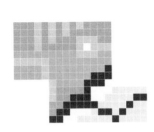

1
令人兴奋又恐惧
的未来

什么叫智能社会?

顾名思义，就是你所处的环境具备了智能，我们可以把它想象成这样一幅画面：将一辆家用汽车和《变形金刚》里的汽车人放在一起比较，同样是钢铁组装出来的，家用汽车没有生命，但汽车人可以通过摄像头、传感器等看到周围，和我们对话，是宇宙里的高等文明。

智能社会到底是什么样子的呢？

让我们坐上时光机器，来到 2040 年的某一个普通的早晨。此时的你已经是个大人了,妈妈再也不会用"狮子吼"喊你起床了。

　　你是被智能睡眠监测仪唤醒的，这是一个小巧的手环，呈蓝色，它一整夜都在监测你的睡眠质量，并决定何时唤醒你。你一走进浴室，只听嘀的一声，一缕光闪过，镜子上的虹膜识别系统启动。虹膜是人眼球中的一层组织结构，每个人的虹膜都不同，所以可以用来识别身份。这是一天中最早的一次识别，也意味着新的一天开始了。这时候，家里大大小小的智能设备都接收到启动的指令：扫地机器人开始工作，窗帘自动开启，空调进入新风模式。

你刚坐上洗手间的"多功能座椅"，机械手便递过来一支已经挤好了牙膏的牙刷。

您的牙刷已准备好!

你一刷完牙，镜子立刻用非常温柔的声音提醒你："主人，请与我对视5秒。"如果你在四川，它也很可能用乡音对你说："娃儿，看到起5秒。"

你照做后，镜子就如同一面显示屏一样，弹出了一串数据，这是你的各项生理健康参数和指标，你快速扫了一眼：昨晚睡觉翻身5次，心跳和血压状况稳定无波动……

你的个人生理信息，每天都会被上传到一个庞大的云计算平台上。平台对这些数据进行处理和分析，对一些可能的疾病做出预警，并把一些关键数据提交给你的家庭医生。这就相当于你每天都做了一次体检。

每当这个时候，你与镜子之间都会有短暂的对话。

"主人，您的眼球充血，数据显示您昨天睡眠不足，脑电波

活跃，做噩梦的可能性为 80%。"

"没有，我只是感觉有点儿累，我觉得你胡说八道的可能性为 80%。"

镜子嘀了一声表示不同意。

"建议喝杯果汁补充一下维生素。"

"要得。"

话音刚落，室内机器人就屁颠儿屁颠儿地忙着准备鲜榨果汁。

厨卫中控系统则询问你的早餐食谱，你只需轻声表示同意，厨房里的 4 只机械手就开始启动。早餐一准备好，机器人就将热乎乎的食物送到餐桌上。这时候，电视或其他播放设备就自动打开，为你播放你最关注的国际新闻或是你最喜欢的钢琴曲。

接着你要出门，可能是去上班，也可能是去打球。在机器人普及的时代，运动也是工作的一部分。一辆无人驾驶出租车已经按时到达你家的门口。你一离开，家里的体感传感器就感知到了，房间便进入了无人节电安全模式。

因为没有司机的成本，出租车的价格相较于今天，已经便宜很多。你在车上可以办公、开会和处理个人事务。路上没有一名交警，你也不用操心路线问题，人工智能将会为你选择最佳路线。所有车辆有序地行驶着，丝毫不会出现拥堵。将你送达目的地之后，出租车就会自动离开。这些车不停地在路上行驶着，满足市民的出行需求。

到达公司后，你不需要停留驻足，公司大门处的打卡机会自动对你的面部进行扫描识别，显示打卡成功。等进了电梯，电梯里的显示屏立刻提醒你：有您的快递还没有领取。

晚上六点半，当你回到家里，智能家居系统已经把大部分家务干完了，并且切好水果。你要做的，就是等待晚饭上桌。当然，

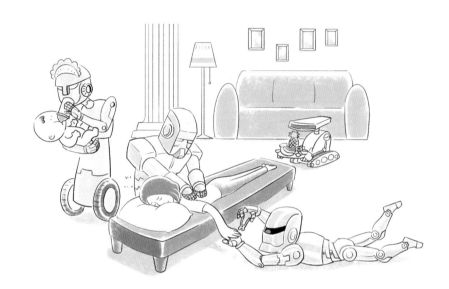

这也会由机器人完成。

看起来，这所有的一切都是如此美好，令人向往。

但在这无限美好的背后，也蕴藏着巨大的风险。

对于这种风险，几乎每一天，世界各大媒体都在讨论。

风险之一，就是人类除了享受，没事可干了。都无人驾驶了，还要司机做什么？交警也得失业，饭店服务员肯定更不需要了，因为这些事机器人就能干，而且不知疲倦。人类的许多工作岗位正在消失，经济学家称之为"技术性失业"，意思就是因为技术进步而失业。当然，人工智能也在创造新的工作，人类需要新的数据科学家、软件程序员，但新增工作的数量和速度远远比不上旧有工作被取代的数量和速度。

不久的将来，人工智能会把人类文明推向一个工厂里再也找不到工人的境界，这绝非危言耸听。事实上，目前在世界各地，已经出现了很多无人工厂，它们也被形象地称为"黑灯工厂"。整个工厂完全自动化，不需要人的参与，因此也不需要灯光和照明。机器在黑暗中运行，日夜不停，看不到一个人影。除了无人工厂，还有无人收费站、无人超市、无人电影院等。

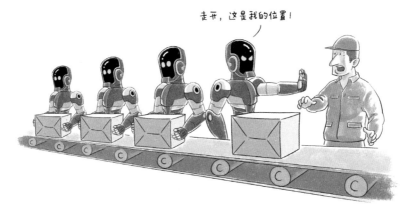

这意味着，越来越多的人将加入失业的队伍中去。

有很多人都在担心这种情况会出现。2017年10月，《纽约客》（ *The New Yorker* ）杂志采用了一幅图作为封面：机器人在街道上忙碌地行走，它们来去匆匆，失去了工作的人类正坐在街道一旁可怜地乞讨，偶尔也有机器人大发善心，施舍给人类几个硬币。

如果一个人没有固定的工作，就意味着他没有固定的收入，没有足够的金钱，那他拿什么买食物、买房子、交水电费、看病和养育孩子呢？又拿什么购买这些昂贵的机器人，维持它们的运作呢？

人工智能将取代人类的工作，世界上很多研究机构都已经发布了这样的预测性报告。

2017 年，普华永道会计师事务所在一份报告当中预测，到 2030 年，美国的工作岗位将减少 38%，这一比例比德国的 35%、英国的 30%、日本的 21% 都要高。作为发达国家的美国，将会首先遭遇人工智能的冲击。

2019 年 9 月，麦肯锡全球研究院发布了一个研究报告说，因为人工智能，全球将迎来职业大变迁的时代。到 2030 年，全球 4 亿~8 亿人口（其中中国有 1 亿人口）的工作岗位将被机器取代。这里面可能就有你，你的亲人、朋友，或者你熟悉的同学。

不仅工厂，甚至战场也将发生极大的改变。

人类的战争由来已久，一开始是为食物而战，比如远古时代的人类原始部落，每天想的是如何填饱肚子。后来是为抢地盘而战，比如我们熟知的春秋战国、三国时期，你争我夺。几千年以来，战争武器也发生了很多变化，从古代的大刀、长矛、弓箭等冷兵器到战机、大炮和坦克这样的热兵器，人类的武器一直在进化。但这一次，可能出现终极战争武器——机器人部队。机器人大军将像蚂蚁军团一样席卷而过，战争的主体从此由人变成了机器。战场上还可能有少量的"人"，但他们不是士兵，而是数据

科学家或者程序员，他们负责整理数据、开发算法，以及通过计算机下达命令。

　　表面上看，未来的战争是机器人之间的战争，不会带来人员的伤亡。可这种变化真的是好事吗？如果机器人士兵被一些懂得算法的恐怖分子劫持，那会对世界造成多大的破坏呢？

　　不得不承认，要说清楚人工智能给人类生活带来的好处和便利，我们需要十分丰富的想象力。但无论多么丰富的想象力，我

们可能还是低估了这个新时代的风险。

最悲观的莫过于末世论。英国著名的物理学家霍金，在接受公开采访时曾断言："人工智能的全面开发可能会使人类走向自我灭亡的道路。"是呀，一旦机器人向人类开战，赤手空拳的人类如何能抵挡机器人的钢拳铁甲呢？

如果这样的话，算不算人类自己挖了一个坑然后往里跳，自食其果，自取灭亡呢？

美国著名的企业家比尔·盖茨（我们现在常用的计算机操作系统 Windows 就来自比尔·盖茨的微软公司）在谈到人工智能时表示："我属于担心超级人工智能的一方……我不明白为什么有的人一点儿都不担心。"

　　他们担心的是机器人的能力将超出人类。在人类历史上，人类曾经对照鸟，造出了飞机，飞机飞得比鸟不知道要高多少、远多少；人类对照马车，造出了汽车，汽车又不知道比马车要强大多少。可是这些东西被反超，我们不惊反喜，因为我们很清楚它们都是工具，不用担心飞机或汽车有一天会把人杀了。可这一次完全不同，我们对照人，会不会造出一种比普通人要强大很多的机器怪兽呢？

有人反驳说，机器人既然是人造的，人类就肯定能控制它，为什么我们要感到害怕呢？人根本不可能造出比人本身还厉害的东西。又有人提出，这句话只说对了一半。制造机器人的科学家很聪明，他们总能想到办法解决问题，机器人可能确实超越不了科学家，但那些不如科学家聪明、也不如他们能干的人怎么办？机器人是不是可以超越很多普通人，进而控制、奴役一部分人，甚至人类的绝大部分？你是比机器人更能打，还是更擅长思考？很多人参观了最新的机器人工厂，马上感叹没有信心了。

　　当然，也有人争辩说，人类不会面临大规模的失业，相反，人类迎来的将是"解放"。因为人工智能的高效，人类未来可以一周只工作三四天，甚至更少。人类将从"衣食住行"的奔波当中彻底解放出来，回归上帝的"伊甸园"。他们将有更多的闲暇时间，没事的时候读读小说，唱唱动人的歌曲，欣赏曼妙的舞蹈，进行更多的艺术创作，尽情地享受生活。

　　还有人主张，即使机器替代不了你，未来也会进入一个人机协同的时代，你会有很多机器人同事，你必须学会如何与它们一起亲密地工作。

　　这也意味着，人类必须升级。

　　所有这些想象和争议，都直指一个问题，那就是机器到底能不能和人类一样具备智能，从而代替人类甚至超越人类。

　　人类对这个问题的思考，甚至比人工智能这门学科诞生的时间还要早。最早的、最具标志意义的探索，源于英国的数学家和逻辑学家艾伦·图灵（1912—1954）。

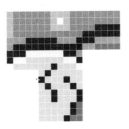

2

图灵测试：伪装者
还是笑话？

传奇人生

智能，曾经被认为是人类独有的能力。关于这一点，我们仔细观察一下动物就能有所体会。一只再聪明的狗，它的智商也让人着急。除了人类之外，海豚也是一种非常聪明的动物，一只成年海豚的智商相当于一名 6 ~ 7 岁儿童的智商，仅此而已。

如何判断机器是否具有和人类相当的智能呢？

这就不得不提到人工智能史上一位伟大的人物 —— 艾伦·图灵。

图灵的一生充满了戏剧色彩。除了在计算机和人工智能领域

艾伦·图灵（1912—1954）

1966 年，美国计算机协会（ACM）以图灵的名字设立
了图灵奖，以表彰在计算机科学中做出重大贡献的人，这个
奖已经成为全世界计算机领域的最高奖。

有突出贡献，他还是一位密码学专家。

时间回到 1939 年，那是第二次世界大战期间。当时的德国
舰队在大西洋海域横行霸道，英军运送粮食的船只总是被击沉，
损失不可计数。当时所有人都认为，大西洋上的德国潜艇是盟军
最大的威胁。因为没有食物补给，部队经常挨饿。正在英国担任
研究员的图灵和很多高智商的青年，一起接到了破解德军密码的
任务。

德军拥有一个代号为"恩尼格玛"（Enigma，源自希腊文，
意为"谜语"）的密码系统。恩尼格玛的原理，就是把每一个要
发送的字母用其他字母替代。比如，你可以将字母"D"输入机

器中，机器通过几个转轴所连电路的转换，将字母"D"依次转变为"R""U""K"。也就是说，经过复杂规则的转换，"K"才是最终要发送的字母。恩尼格玛的密码规则还可以不断变化。密码机中间的轮子都是可以转动的，随着转动的角度不同，连接的线路不同，所得到的字母顺序也是不同的。转动的轮子能够形成数目巨大的排列组合，这次是 DRUK，下次可能就是 DRUX，再下次还可能是 DKCT……由不同的人轮班掌握，号称不可破解。

面对这样一个精密至极、无懈可击的密码系统，盟军无计可施，德军更加有恃无恐。当时的纳粹元首希特勒甚至可以用恩尼格玛密码机与战场上的军官直接对话，完全无视盟军的存在。

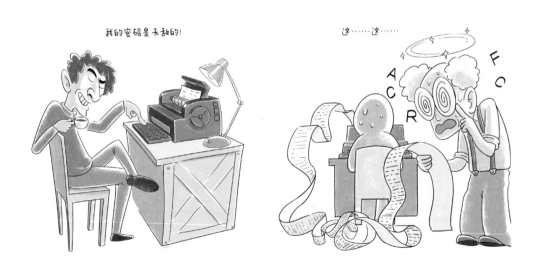

图灵的天赋很快派上了用场，他在这个人才济济的团队里有了一个新的绰号——教授，这是一个象征能力超群的昵称。在他的带领下，密码破译机"Bombe"在 1941 年横空出世。图灵完成了一台相当于 3 台恩尼格玛密码机的破译机制作，3 台机器环形相连，可以在几分钟内破解出一条密语。

这台密码破译机，帮助盟军击沉了俾斯麦号战舰。从此，英国舰队可以在大西洋上安全地航行。几行代码，堪敌百万雄兵。在战争的底色下，高冷的数学找到了最鲜活的意义。丘吉尔在回忆录中曾这样评价："作为破译了德军密码的英雄，图灵为盟军取得二战的最终胜利做出了巨大贡献。"

1950 年，图灵提出了一个方法，一群人和一台机器分别在不同的房间，这群人分别通过键盘和显示器进行对话，只要有 30% 的人类测试者在 5 分钟之内无法辨别和自己对话的是人还是机器，那么这台机器就通过了测试，可以被认为有智能。

这就是著名的图灵测试。图灵当年预言，到 2000 年，一定会有机器通过图灵测试。

从 1990 年开始，全世界每年都举行图灵测试大赛。

现实比图灵的预测迟了 14 年。

　　2014 年 6 月 7 日，在英国皇家学会举行的"2014 图灵测试"大会上，举办方宣布一款名为尤金的软件通过了图灵测试，这款软件是俄罗斯人开发的。尤金宣称自己是一名 13 岁的少年，它模仿一个调皮的少年和人类进行对话，成功地骗过了 30 名裁判当中的 10 名，而 10 名裁判大约占全部人类测试者的 33%，超出了当年图灵定义的 30%。

　　能成功骗过人，这可不容易。你想想，如果在对话中，有一个人问，89789 乘以 345928 等于多少？对计算机而言，它可能几毫秒就能给出答案，但人可能就要几十秒甚至更久，可能还会算错。机器要真的具备智能，要在图灵测试中让人相信它是人，它就必须"有意"拖延一点儿时间，隐瞒自己算得又快又准的事实。仔细想想，这个"有意"是不是很可怕？

反对者

但即使机器聪明到会伪装，通过了图灵测试，很多人仍然坚持认为这样的机器不具备智能。

为了说明其中的道理，1980 年，美国哲学家塞尔设计了一个新的实验，叫"中文房间"。

一个只懂英语、不懂中文的人被锁在一个房间里，这个房间除了两侧各有一个小窗口以外，其他地方都是封闭的。有人在外面提问，将这些问题用中文写在纸条上，通过小窗口送进这个房间。房间里的人不懂中文，但他有一本事先由专家编好的、非常完备的中英文翻译对照表，房间里还有稿纸和笔。他可以利用这些工具来翻译送进来的问题，然后把写有中文的答案从另外一侧的小窗口送出去。

虽然这个人完全不懂中文，但奇怪的是，外面的人总是可以得到一个语法还算正确、逻辑也挺合理的回答。爱动脑子的你可能想到了，秘密就藏在那本中英文翻译对照表上，一个对中文一

窍不通的外国人，照样可以通过查表的方式理解它的意思。可外面的人不知道哇，还误以为房间里坐着一位中文专家。

这意味着房间里的人真的懂中文吗？他也许只是懂得如何查阅工具书而已。

这样的人到底算不算中文专家？要是问你，你会不假思索地回答"不"。可如果这个人和中英文翻译对照表加起来，即把这个房间作为一个整体，又算不算懂中文呢？

你的答案还是"不"吗？你是不是认为房间里的人不是真正

理解中文，而是在处理一个又一个陌生的符号，他并没有理解符号本身的意思？这恰恰就是塞尔设计这个实验的本意，他想说明的正是同一个道理：会翻译不代表他懂中文，同样，即使计算机持续、正确地回答了全部的问题，也不等于计算机真正理解了这些符号的意思，更不能说理解了这些问题。

塞尔的意思，我们大体上是明白了，机器是通过查表对照来回答问题的，不过是照本宣科而已。工具书里有的，它才查得出来，工具书里没有的，它可以通过推论的方式得到，关键要有一本好的工具书。所以，即使通过了图灵测试，也只能说明它有一本超级好、超级全面的工具书，不能认为它就有智能。在这个案例里，这个作为整体的房间就是塞尔口中的机器。

我们来看看这样的机器是怎样回答问题的。

在计算机里面，所有的文字、数字都是用二进制来表达的，即用"0"和"1"的不同组合来表达。例如，大写的 A，它的代码是 0100 0001；数字 3，它的代码是 0000 0011，为了不造成混乱，国际标准化组织统一了这组编码，称之为 ASCII 编码。中文的每个汉字也有固定的编码，每一个问题，都是由一个字母和一组数字组成的，如在图灵测试中，你会问：

你是一名 13 岁的学生吗？

相应的英文是：Are you a 13-year-old student?

下面这个表列出了这句话当中部分字母和汉字的 ASCII 编码。也就是说，"0"和"1"是以这样的形式保存在计算机里的。

一句话当中部分字母和汉字的 ASCII 编码

英文	A	R	E	Y	O	U	A	......
二进制	0/00 0001	0/01 0010	0/00 0101	0/01 1001	0/00 1111	0/01 0101	0/00 0001	......
中文	你	是	一	名	1	3	岁	......
二进制	0/00 1111 0//0 0000	0//0 0010 00/0 1111	0/00 1110 0000 0000	0/0/ 0/00 0000 //0/	0000 0000 00// 000/	0000 0000 00// 00//	0/0/ 1100 /000 000/	......
十六进制	4F60	662F	4E00	540D	31	33	5CB1	

要让一台机器通过图灵测试，可以用一个最笨的方法，把人类所有可能要问的问题及答案事先用 ASCII 编码保存下来，就像"中文房间"实验中的中英文翻译对照表，等到人类发问的时候，机器可以通过查表的方式找到答案。

那你会问，世界上的问题无穷无尽，你能事先都把答案保留下来吗？

这的确是个好问题。不过，先别忘了，图灵测试的时间只有 5 分钟。事实上，人类在 1 分钟之内可能连 10 个问题都问不到，5 分钟最多问 50 个问题。这实在是个非常微小的量。更关键的是，计算机最擅长的就是保存庞大的数据，它还真有可能把所有的问题和答案都记录下来，然后保存在计算机里。事实上，这样的机器人已经产生了，那就是国际商业机器公司（IBM）制造的沃森，这个机器人在公开的电视大赛当中已经战胜了人类回答问题的冠军，后面我们还会提到它。

重新回到上文塞尔的意思，计算机通过查表对照答对所有的问题，从而通过了图灵测试，如果这就叫具备了智能，这不是一个笑话吗？但有一点无须争论，那就是从 2006 年人类发明深度学习的技术开始，越来越多的机器通过了传统的图灵测试。原因很简单，工具书越来越丰富了。

为了证明计算机不可能拥有智能，有科学家提出了新的测试标准。例如，把图灵测试反过来，即把机器锁在一个房间里，它必须确认在外面和它交流的是机器还是人类。这听起来更难，但除了增加难度外，看起来似乎毫无意义。还有科学家提出，人类最重要的特质就是会创新，如写诗作画，可以让机器尝试写诗作画，当机器的作品和人类的作品放在一起不相上下，人类无法区分的时候，就可以算机器通过了测试，具备了智能。

吟诗作画我都行

这个主意不错，还真的有科学家在做。不如就从我们最熟悉的唐诗、宋词开始。

中国是诗歌古国，也是诗歌大国。《全唐诗》这本书是这样介绍"自己"的："得诗四万八千九百余首，凡二千二百余人。"《全唐诗》共计 900 卷，可见中国古诗的丰富多彩。清朝乾隆皇帝一生写诗 4 万多首，差一点儿就在数量上胜过《全唐诗》。那么机器人能否赢得了乾隆呢？

　　清华大学孙茂松教授带领团队历时 3 年研发了名为"九歌"的作诗机器人，他们让九歌学习了中国古代数千名诗人的 30 多万首诗歌。2017 年 12 月，在中央电视台黄金档节目《机智过人》中，九歌与 3 位真正的诗人一起作诗，由 48 位投票团成员判断哪首为机器人所作，结果九歌成功地混淆视听，先后淘汰了两位资深人类诗人。

　　下面，我们来欣赏一下九歌在节目现场作的诗。

　　一是以"心有灵犀一点通"为第一句作的集句诗：

　　　　心有灵犀一点通，小楼昨夜又东风。

　　　　无情不似多情苦，镜里空嗟两鬓蓬。

　　二是以"静夜思"为题作的五言绝句：

　　　　月明清影里，露冷绿樽前。

　　　　赖有佳人意，依然似故年。

这两首小诗绝对是既工整，又富有诗意。

是不是有点儿自叹不如、惊为天人的感觉？如果你在现场读到这些诗，你能判断出来这是机器人的作品吗？

我想，别说是我们，恐怕李白来了都很难下结论。

我们再来看看乾隆皇帝的诗作。乾隆皇帝酷爱写诗，爱到什么地步呢？有事没事都写诗，吃根黄瓜写首诗，登个阁楼写首诗，上个厕所也写首诗。

《观采茶作歌》是乾隆创作的一首七言诗。这首诗拖沓冗长，让人简直读不下去，诗的前四句是这样写的：

前日采茶我不喜，率缘供览官经理；

今日采茶我爱观，吴民生计勤自然。

没有一首永流传
东何世人不懂我
皆是生平体感悟
一生作诗四万首

写的什么玩意儿，
赶紧泡脚吧！

大意是，以前采茶我很不高兴，只因为那是官家筹划的，采来也是供赏玩的；如今采茶我喜欢到处看，只因为是老百姓采茶，他们为了生计而辛勤劳作。乾隆说的自然没错，问题是它缺乏诗意，它应该出现在一篇记叙文中，不应该出现在诗中。用钱锺书先生的话说，这就是"以文为诗"了。显然，把一句话敲成四截，那不叫诗，最多也只能叫打油诗。

这水平嘛，没有对比就没有伤害，我们至少知道了九歌的实力，对语言文学艺术的理解与领悟远远超出了那位清朝皇帝。

说完写诗，再说作画。2014 年，微软公司推出了它的机器人"小冰"。小冰不仅会写诗，还会画画。这位机器人画家出生之后，在 22 个月的时间里学习了 400 年艺术史上 236 位著名画家的 5000 多幅画作。2019 年 7 月 13 号，小冰在中央美术学院举办了首次个人画展"或然世界"。小冰画画不是对已有图像的复制和拼贴，而是百分之百的原创。2021 年 9 月，小冰已经推出了第九代。

2018 年 10 月 25 日，佳士得拍卖行在纽约以 43.25 万美元（约 300 万元人民币）的价格售出了一幅由人工智能绘制的画作，作者来自一家法国人工智能艺术公司。

这样看来，相比于传统的图灵测试，新的测试方法当然门槛更高、更复杂，但从目前的情况看，机器人还是可以突破这些测试的。不过，仍然有很多科学家执着地认为，即使计算机可以在对话中骗过人类，即使它可以吟诗作画，还是不能算具备智能。他们的核心理由是，机器人没有生命和自我意识。

　　他们认为，生命和自我意识才是智能的前提。

 # 3
从海豚文明到机器人

我们不一样

你相信要先有生命和自我意识才能有智能吗？

如果我们回答"是"，那开发人工智能的最佳路径应该是去训练动物。

人类对动物的驯化已经有上万年的历史了，有些动物因此成为家畜、家禽，如狗、猪、猫、鸡等，但这些动物的智商目前都极为有限。在所有的动物里面，海豚几乎是最聪明的，正是因为它们聪明，可以学会复杂的动作，世界各地的海洋馆都有它们的专场表演，虽然这并不符合动物保护理念。

海豚聪明有三大证明，一是它们的大脑，无论是体积还是质量，占整个身体的比例都很大，生物学家已经发现，大脑占身体的比例大小是衡量生物智商高低的一个重要标志，海豚的这个比例仅次于人类；二是海豚可以通过镜子测试，具有自我意识；三是海豚会使用工具。

　　我们知道，会不会使用工具是人类发展的一个分水岭，它把

我们的祖先智人和猿猴区分开来，也被认为是是否具有智能的"试金石"。海豚在寻找食物的时候，会花很长时间来寻找一块合适的海绵，吸附于它们的鼻尖之上，用来保护它们不受海底泥沙的伤害。海豚在捕食时甚至会和渔民进行"合作"：它们将成群结队的鱼赶到沙滩附近，然后等渔民撒网，企图逃跑的鱼则会直接游进在一旁等待的海豚嘴里。

镜子测试

镜子是再平常不过的日用品，但在研究动物是否具有自我意识时，它可以帮上大忙。动物学家们认为，能认得出镜子中的自己，就具有了一定程度的自我意识；反之，则不具备自我意识。

要做镜子测试，先要把动物麻醉，在它们的脑门或者身体上画个彩色的标记，等动物醒来之后，再把镜子放到它们的面前。如果它们能够在镜子中发现自己的异常，并试图去触碰那个标记，则表明它们清楚镜子里的就是自己，这就证明了它们具有一定的自我意识。

能通过镜子测试的动物屈指可数，鸡、鸭、猫和狗都通不过，即使是人，也得到一岁半才能通过，但海豚通过了。

如果我们确认，只有具有生命的个体才能具备智能，那我们要开发除了人类以外的新智能，最好的方法就是去训练海豚这样的动物。

怎样训练呢?

如果你读过《给孩子讲大数据》就会知道，里面有一个重要结论：文明的产生和进步源于人类记录的能力。海豚和人类最大的不同就在于，海豚虽然有智能，可以用一些动作来表达意思，但它们不能记录，因为海洋之中无法留下痕迹。而远古的人类，就会用刻痕、壁画来记录，没有类似于壁画的记录，海豚就无法把知识传递给后代，它们的智能就无法得到进一步的发展。

也就是说，聪明的海豚生活在海里，这就是一个巨大的不利因素。

如果生命是智能的前提，我们就应该用发展人工智能的热情和精力来帮助海豚。例如，我们可以在海洋之中设置一块供海豚使用的触摸屏，给它们配备一些用鼻子摩擦就能留下痕迹的装置，说不定海豚就能在反复学习中学会如何留下痕迹，然后发明海豚的语言和文字。文字的出现就是一个转折点，海豚文明可能就此诞生了。

这看起来是不是很有想象力?

于是地球上出现了两种文明：海豚文明和人类文明，分别位于海洋和大陆。海豚掌管海洋，人类掌管大陆，二者可以和平共处、通力合作，共同建设美好的地球家园。

　　和海豚同样聪明的，还有陆地上的黑猩猩。接下来，我们可以如法炮制，用现代化的方法和工具去培训它们，开发它们的智能，未来可以让它们掌管山林。

　　地球上所有的生物，包括人类，都是由碳元素组成的有机体，称为碳基文明；而计算机是由硅组成的，称为硅基文明，这两者截然不同。如果我们认为，唯有碳基文明才能产生智能，那就应该去训练动物，或者在试管当中培育新的智能生物。假设有一天动物获得了更高的智能，人类将和它们共同统治地球，你觉得这算不算人工智能呢？

你好！我是"碳鸡（基）"。 你好！我是"硅鸡（基）"。

探讨到这里，相信你已经有了答案，即使动物有可能获得和人类匹敌的智能，它们也代替不了我们今天对机器人的研究和渴望，人类需要的正是没有生命和自我意识的机器人。

人工智能不同于人类的智能，所以我们才加上"人工"两个字。所谓的人工智能，就是通过机器来模拟人类认知能力的技术，也可以把它理解为一个计算机程序。和传统程序不同的是，它更加聪明，不需要以生命和自我意识为前提，它也不需要真正理解人类的问题，它可以通过查表等方式完成任务。它长什么模样也不重要，可以是方的，也可以是圆的。我们最关心的是它能否给予我们切实有效的帮助。当然，我们可以把这个程序包装起来，把它打造成帅哥或者美女的样子，甚至可以和你最喜欢的朋友长得一样，我们叫它机器人。

但也仅此而已，这并不意味着，它是一个自主的人。

作家的奇思妙想

说到人类制造机器人的梦想，已经有上百年的历史了。

有趣的是，最早创造"机器人（Robot）"这个概念的，不是科学家，而是一位作家。

1920 年，捷克斯洛伐克著名作家卡雷尔·恰佩克（1890—1938）发表了科学幻想剧——《罗素姆的万能机器人》。在这部戏剧中，一位名叫罗素姆的哲学家研制出了一种人形机器"Robot"，它既没有感情，也没有思想，它在工厂里工作，不需要报酬，因此被资本家大批量复制。

这个故事的开头不用想也知道，如果你是老板，你是愿意雇用一个永不抱怨、从不请假，也从来不和同事吵架、不用买保险的机器人，还是雇用人类呢？

结果却出人意料。随着机器人越来越多，老板们开始不满足于功能简单、只能从事体力劳动的机器人了。一名工程师突然发现了如何将情绪注入机器人的方法，一旦机器人感觉到了苦和痛，它们就开始反抗，结果人类打不过机器人，被机器人征服了。

没错，"机器人"一词的产生，既不在实验室，也无关真正的科学，纯属文学想象。这些天马行空的想象，就是机器人最早的发源。"Robot"一词，就源于捷克语 Robota，意思就是苦役、苦工，指代进行繁重任务的体力劳动者。

但作者没想到的是，这部戏剧竟然为后世做了一个深远的设定，即机器人可以战胜人类。这个设定随后被世界各地的电影导演毫不犹豫地拿来用了，几乎所有关于机器人的电影，都会描绘这样一种非常严峻的形势和挑战：机器人很厉害，它们将产生情感和意识，继而征服人类、统治世界。

不幸的是，我们很多人对于人工智能的启蒙，都是从科幻电影当中获得的，这些电影中的机器人无一例外，个个能力超群、手眼通天、上天入地、无所不能，影片的最后，冷冰冰的人形钢铁在和人类的相处中不断进化，最终获得了意识和生命。

但文学不等于科学。

今天，《不列颠百科全书》是这样定义"机器人"的：任何可以替代人类劳动力的机械装置，可能不具备人类的外观。这就是说，广泛意义上的机器人，是帮助人类、替代人类劳动的机械工具，它长得可以不像人。按这个标准，无论是 20 世纪发明的洗衣机、推土机，还是最近几年发明的扫地机器人，甚至是中国三国时期的诸葛亮发明的木牛流马，都可以被称为机器人。

它们之间的区别仅仅是机械化、智能化程度不同而已。

左为木牛流马，中为推土机，右为扫地机器人

机器人三大定律

当然，机器人也完全可能具备人类的人形外观。不仅外观，它的声音和行为都可以模仿人类，我们称这种机器人为人形机器人。注意是人形，而不是人。相比于其他机器人，人形机器人有

两个特点：一是和人一样会自主移动，即走路，一个活的生命，它的基本要素就是能自由移动，人类也不是一生下来就会走路的，孩子大约要一岁才会走路，所以机器人会走路，就会给我们以人的感觉；二是可以像人类一样说话、思考和决策。

日本本田公司的阿西莫机器人

风速数据　　　草坪阻力数据　　　距离数据　　　力度数据　　守门员

　　机器人，就是会走路、会说话、有一定自主思考能力的机器，它主要由两部分组成。

　　一是躯体，即机械外壳，它由齿轮、轴承等不同的机械体组成，通过传感器和大脑相连，在得到具体的指令之后，躯体可以执行很多任务，躯体的生产和设计涉及力学、控制和软件等多个领域。

　　二是眼睛、耳朵和大脑，它由数据和算法构成，通过不断收集数据、推理、规划、感知来模拟人的决策行为。

体力数据　　假动作模拟

说到这里，我们要明确一点，那就是人工智能≠机器人。准确地说，人工智能涵盖的范围要比机器人大，人工智能是一系列的技术，机器人只是这一系列技术中的一种应用，一种实体的产品。

人工智能 > 机器人。

先来看看机器人产业的最新发展。

案例 1：大狗机器人

　　大狗机器人拥有 4 条腿，身高 1 米，重 109 千
克，有 16 个关节点，全身配有很多传感器，包括

雷达和立体视觉，大小和一只大型犬或者一匹小骡子相似。大狗机器人前进的速度可达10千米/时，行走起来和动物非常相似。它可以在碎石地面上、泥泞地区、雪地及浅水中行走，还可以攀爬35度的坡面，最大负载150千克。

案例2：野猫机器人

　　它和大狗机器人类似，但跑得更快，可以达到32千米/时（普通人一小时大约跑10千米），是目前世界上速度最快的四足机器人，会小跑、快跑和跳跃。

案例3：Spot家庭服务机器人

　　它身高0.84米，重30千克，最大负载14千克，采用3D视觉系统，全身有17个关节点。利用电池供电，十分安静，适用于办公室和家庭。它能自主导航、自由抓取物体，还能开门，如果需要满足特定行业的要求，还可以重新设计手臂的负载能力。

案例 4：Atlas 人形机器人

它身高 1.5 米，重 75 千克，最大负载 11 千克，由电池供电，全身有 28 个关节点，配备雷达和立体相机系统。

这是波士顿动力公司开发的一款人形机器人，走起路来的姿态很像人，即使在崎岖的地方或楼梯上也能行走，非常灵活。它摔倒了可以自己爬起来，还可以完成 360 度后空翻，落地比体操运动员还要稳。

针对不同的使用环境，可以为 Atlas 人形机器人配备不同的驱动系统，如搭载武器系统，它就能成为一名士兵；搭载烹饪系统，它就能成为一名厨师。

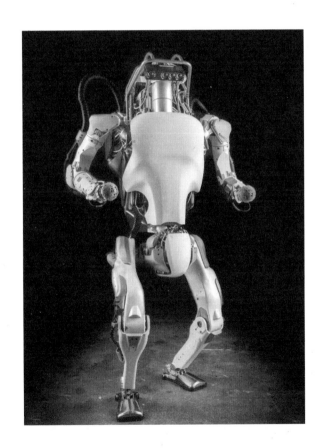

案例 5：Handle 仓库机器人

它身高 2 米，重 105 千克，最大负载 15 千克，利用电池供电，全身有 10 个关节点。

这款机器人兼具轮式机器人和腿式机器人的优势，高度灵活。它专门为物流场景而设计，可以对货物和箱子实施抓取，并放置到目标地点，完成从托盘上取货、堆垛和卸货的任务，将人类从辛苦的搬运工作中解放出来。

这些都是已经制造出来并经过了无数次试验的机器人。毫无疑问，近十年来，机器人已经取得了非常大的进步，它们不再是作家笔下的幻想，而是生活中的现实；它们也不再是僵硬的机械、娱乐的玩具，而是柔软的、仿佛已经点燃生命火焰的生物。我们与机器人共处的时代将很快到来。

技术的发展就像走楼梯一样，一级一级往上走，所以未来的人工智能不是一个"完美机器人"，而是会一点儿一点儿到来。先是动作的突破，举手投足越来越像人；然后是形象的突破，拥有人类的五官、皮肤；接着是表情的突破，可以以假乱真；最后可能就是思维的突破了，像人一样思考。那个时候，我们还能像今天这样淡定吗？无论是小说还是电影、电视剧，都对这样的世界有过非常翔实的描述，有警告和预言，但我们真的做好准备了吗？比如，面对下面的这些问题。

问题 1：机器人具有超强的能力，意味着有一部分人掌握了超人类、超自然的能力。这可不是普通人和健身房里练出一身肌肉的壮汉的差别，而是血肉之躯与钢铁的较量。掌控机器人的人将会对普通人产生巨大的威胁。那么问题来了，如果使用机器人意味着个人能力的增强，那么，哪些人可以获得这种增强的能力？谁可以使用机器人？什么情况下可以使用？

问题 2：如何保证和维持我们对机器人长期而有效的控制？

问题 3：如果机器人执行任务失败了，谁来承担责任呢？例如，医学机器人可以在复杂的手术当中提供帮助，一般情况下，这些手术都会成功，但万一手术失败了，机器人应该承担法律责任吗？

问题 4：人的本质是什么？是灵魂吗？而灵魂究竟是什么？

这些问题由来已久，几乎"机器人"这个词语一产生，就开始引起人类的思考了，无论是科学家还是哲学家，都一直没有找到准确的答案。倒是文学家，在科幻作品当中不断给人类启发。1942 年，美国科幻作家阿西莫夫（1920—1992）曾经提出过发展机器人科学的"三大定律"。

第一定律：机器人不得伤害人类，不能看到人类受到伤害而袖手旁观。

第二定律：机器人必须服从人类给予的命令，除非这条命令与第一定律相矛盾。

第三定律：只要和第一定律、第二定律没有冲突，机器人就必须保护自己。

是不是很有趣？很多有关机器人的概念和构想，居然是由作家而不是科学家提出来的。然而，在实际的开发和设计当中，要把握这些定律非常困难。比如，很多人会说，机器人有什么可怕的，它要打我，我就拔了它的电源插头，这不就解决问题了吗？相信这代表了很大一部分人的观点，人类掌握着机器人的命门，必定能在关键时刻一锤定音。可你有没有想过，又该由谁来掌控钥匙，好人吗？谁来界定谁是好人，谁是坏人？谁又能保证这把钥匙永远掌控在人类手中？

这其实就是前面提出的问题 2。

毫无疑问，对机器人来说，电就像食物和水对我们人类一样重要，人饿了或者累了，就会表现很差，体力和脑力都跟不上，难以做出准确的决定。能源的确是机器人的命门，但是要保证机器人完成任务，就必须保证机器人的供电，它的供电系统必须是独立的。也就是说，机器人应该能够自主地、有意识地补充自己的电能，从而避免系统的崩溃。机器人的独立性和保证对机器人的长效控制，这就是一对矛盾。怎么调和？还有人指出，为了避免机器人繁殖，不能让机器人参与对其他机器人的设计，要永远保持机器人的开发设计是"纯人工"的。这有可能实现吗？今天，我们用机器人来包饺子、做手机，将来有一天，我们会亲力亲为，不用机器人去设计、装配机器人吗？

说到这里，我们就必须了解人工智能是怎么出现的、怎么发展的。它的正式起跑，是源于1956年一群年轻人召开的一次会议。

4

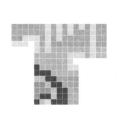一次会议：给未来
命名的年轻人

如今，"人工智能"几乎成为路人皆知的潮词，但放在 60 多年前，它还是个公众十分陌生的词语。那个时候，计算机的发明才刚刚过去 10 年，如果说人工智能会改变世界，那简直是痴人说梦。但谁会想到，有一天，人工智能会打败人类最优秀的围棋选手，甚至连诗也写得有模有样呢？

今天人们公认，人工智能作为一个研究领域清晰地出现，是源于 1956 年夏天的美国达特茅斯会议。达特茅斯，是指达特茅斯学院，这是一所非常优秀的小型大学，位于美国东北部的新罕布什尔州。

正是这次召开于 60 多年前的会议，打开了一个全新领域的

大门。但令人始料不及的是，这次会议是由两名 29 岁的年轻人发起和组织的。与会的核心人员，后来几乎都成了各自领域的奠基人，以及图灵奖得主。这梦幻般的结局让人不由得感叹：达特茅斯会议，就是一个未来预言家大会。

会议的核心和灵魂人物是麦卡锡（1927—2011）。那个时候的他，还只是达特茅斯学院的助理教授。美国的助理教授相当于

中国的大学讲师，是大学里职位较低的教职。当时，麦卡锡从普林斯顿大学数学系博士毕业没几年。另一位是麦卡锡在普林斯顿大学的同学明斯基（1927—2016）。这一年他也刚好 29 岁，正在哈佛大学担任助理研究员，跟麦卡锡的情况差不多。

会议提前一年就开始筹备了。要开一个会，需要基本的启动资金，起码得给参会人员提供差旅及酒店的住宿费用。这两个年轻人当时可以说是捉襟见肘，但他们认为，自己手里攥着的是金子。他们相信人工智能是一门新的科学，从此可以让机器代替人类决策和工作。这在当时可真是让人瞠目结舌的大发现，将开创一个新的时代。

没钱就去找人要！他们一商量，就联名向洛克菲勒基金会申请资助。这份提案由麦卡锡执笔，提议在第二年召开为期两个月的人工智能夏季研讨会，申请经费 13500 美元。当时，没几个人明白"人工智能"是什么东西，但美国人对科学的热爱仿佛与生俱来，虽然他们也听不懂麦卡锡的说法，但是他们愿意尝试，愿意给年轻人机会。洛克菲勒基金会最终给这个会议提供了 7500 美元的资助。

这次会议的核心成员只有 10 个人，会议磕磕绊绊、开开停停，足足开了两个月，算上所有曾经到场的参会人员，也不过 20 个人。

作为一名助理教授，麦卡锡在会议上说服了大家使用"人工智能"这个词来命名一个新领域，其核心含义是，通过计算机软件合成，制造出和人类一样的智能。晚年的麦卡锡坦承，"人工智能"的提法并非他首创，只是他曾经在某个地方看到过，具体出自哪里已经记不清了。他认为这个词很好，所以极力主张使用。但历史还是慷慨地把"人工智能之父"的桂冠戴在了他的头上。

参加会议的核心成员当中，还有一名 29 岁的青年，他叫纽厄尔（1927—1992）。开会的时候，他博士还没有毕业，是和他的老师西蒙（1916—2001）一起来参会的。当时西蒙 40 岁，正担任卡内基-梅隆大学工业管理系的系主任。这一对师生，一共合作了约 40 年。1975 年，他们共同获得了图灵奖；3 年后，西蒙又获得了诺贝尔经济学奖。

西蒙是 20 世纪最具影响力的科学家之一，他横跨多个学科和领域，把"交叉性"应用得炉火纯青，也硕果累累。1975 年他获得了图灵奖，1978 年获得了诺贝尔经济学奖，1993 年还获得了美国心理学会终身贡献奖。西蒙的研究是数据挖掘的源头和起点。今天，我们也把西蒙视为人工智能的重要开拓者之一。

每当读到这段历史，我都心潮澎湃，这几个人无疑是幸运的。因为提出一个名词，历史就记住了他们，而乾隆皇帝写了 4 万多首诗，也没能在诗词界占据一席之地。历史选择在这样一个时刻将一项重任交给他们，从此人工智能的任何发展都打上了他们的烙印。他们又是令人信服的，他们敢想敢干，如此年轻就成了一次历史性会议的组织者，虽然一开始都名不见经传，但他们最终都有了举足轻重的成就。

达特茅斯会议掀起了人工智能的第一次高潮，与会的大部分成员都认为，人工智能前景光明。西蒙认为，我们离复制人类人脑、解决实际问题能力的时间已经很近了，10 年之内肯定可以实现，用不了 20 年，机器就可以完成人类能做的任何工作。明斯基又补充，我们这代人就能基本解决创造人工智能的问题。

10位核心参会人员当时的年龄、身份，以及后期的成就

	姓名	与会年龄	当年身份	后期主要成就
1	约翰·麦卡锡	29	达特茅斯学院助理教授	获得1971年图灵奖
2	马文·明斯基	29	哈佛大学助理研究员	获得1969年图灵奖
3	纳撒尼尔·罗切斯特	37	IBM 701设计师	获得1984年IEEE计算机先驱奖
4	克劳德·香农	40	贝尔实验室的资深科学家	信息论创始人 IEEE荣誉奖章获得者
5	赫伯特·西蒙	40	卡内基-梅隆大学工业管理系主任	获得1975年图灵奖和1978年诺贝尔经济学奖
6	艾伦·纽厄尔	29	卡内基-梅隆大学在读博士	获得1975年图灵奖
7	阿瑟·塞缪尔	55	IBM电机工程师	机器学习之父 IEEE计算机先驱奖
8	特伦查德·摩尔	26	达特茅斯学院教授	参加了IBM机器人沃森的研究开发
9	雷·所罗门诺夫	30	芝加哥大学在读博士，电子行业兼职	发明归纳推理机 算法信息理论之父
10	奥利弗·塞弗里奇	30	在麻省理工学院从事模式识别工作	模式识别奠基人

看上去前途光明，越来越好，撸起袖子加油干吧！

但事实证明，他们都过于乐观了，人工智能毕竟不是魔法师手中的魔法棒，挥挥手就能搞定。在接下来的 20 年中，人工智能取得了一些成果，但西蒙和明斯基的预言却迟迟无法兑现。到了 20 世纪 70 年代，项目接二连三地失败，重大预期目标也落空了，人工智能开始遭到批判，各国政府陆续停止向人工智能项目拨款，人工智能的发展跌入了第一个低潮。

5
我们挖了一个坑，
和另一个坑

人工智能的概念诞生之初，人类认为只要赋予机器逻辑和推理的能力，机器就能具备一定的智能，辅助或代替人类做出判断。所以，早期的研究以数理逻辑为主流，以证明数学公式和定理为己任。但随着研究的推进，人们逐渐认识到，仅仅具有逻辑推理，计算机的能力还远远不够。

那还缺少什么呢？这时候，费根鲍姆出现了，他提出的"专家系统"，引领人工智能走向了第二次高潮。

费根鲍姆认为，机器要具备智能，仅仅拥有推理能力是不够的，它还必须拥有大量的知识。把这些知识放到一起，叫作知识库，它可以帮助进行逻辑推理、制定规则。根据规则，计算机可以自动从一个站点到达下一个站点，做出决策。简单来讲，就是不仅要讲道理，还要有文化。

费根鲍姆 1 岁的时候，生父就去世了，他的继父是一个食品店的会计，常常使用一台笨重的计算器算账。20 世纪 40 年代的计算器还相当大，这引起了少年费根鲍姆极大的好奇与兴趣。1952 年，16 岁的费根鲍姆来到卡内基–梅隆大学，在这里，他碰到了我们前文反复提到的西蒙。他跟随西蒙教授

读完了博士，后来加入了斯坦福大学，在那里建立

了当时第一个知识系统实验室，开始了人工智能的

学术研究之路。但当时的费根鲍姆完全没有想到，

他开创了一个新的时代。

这之后，知识库开始兴起，大量的专家系统问世，人工智能进入了"逻辑推理 + 专家知识 = 规则"的新阶段。

在费根鲍姆的领导下，斯坦福大学接连开发了好几个当时著名的专家系统。1984 年，他们开发了一个辅助医生研究血液传染病的系统（MYCIN），然后模拟医生开出药方。费根鲍姆利用"知识 + 逻辑"，制定了 400 多条规则，它可以和医生对答，然后给出答案。例如：

如果患者已经确诊为脑膜炎，

如果感染类型为真菌，

如果患者到过球孢子菌盛行的地区，

如果脑脊液检测中的隐球菌抗原不是阳性，

那么，隐球菌就有 50% 的可能并非是造成感染的

有机物之一。

可以看出来，专家系统就是把世界上某一个问题可能出现的情境用"如果……那么……"——罗列出来。它们表现为规则，一条规则没什么了不起，但有几百条、几千条，甚至几万条规则，就可以回答这个领域的绝大多数问题了。在构建规则之前，程序员和领域专家必须进行密集的讨论，把一个领域所有的知识梳理成一条条独立分离的规则，再用这些规则搭建成为一个"事实"

的整体，就像盖房子一样，开发这些规则的过程称为知识工程，所以他们也被称为知识工程师。

当这些规则在使用者面前呈现出来的时候，他们会非常惊讶，因为没有一个人可以记住并且使用这么多规则。当 MYCIN 这个专家系统面世的时候，就有医生惊叹，它怎么什么都知道，就像是人工生成的血液传染病博士。

后来，斯坦福大学把 MYCIN 专家系统作为一个培训工具向实习医生开放，帮助实习医生尽快地掌握日常工作当中所需要的知识。例如，实习医生和系统之间会有这样的对话：

系统：患者多大年龄？

医生：为什么要问年龄？

系统：这有助于我们判断患者是否适合做手术。

根据 057 号规则，如果患者年龄超过了 80 岁且身体比较虚弱，那就不适合做开胸手术。

作为人工智能最为成功的应用，专家系统也在工业领域得到了广泛应用。一个最著名的例子是卡内基-梅隆大学开发的一个程序，它有 1 万多条规则，可以根据用户的不同需求自动配置每一台计算机上的电路板。这个专家系统已经在大名鼎鼎的美国数字设备公司投入使用了，据该公司统计，1980～1986 年，它协助处理了 8 万份订单，准确率达 95% 以上，每年为公司节约 2500 万美元。

1994 年，费根鲍姆获得了图灵奖，被誉为"专家系统之父"。专家系统在军事领域也有广泛的应用，费根鲍姆还担任过美国空军的首席科学家。

"专家系统之父"费根鲍姆

可是，这之后专家系统却遭遇了难产。

软件工程师必须对规则进行编程，一条规则编写一段，每一条规则都通过一系列"if...then..."（如果……那么……）的代码语句来实现。但随着规则的增多，问题也开始出现了，一条新的规则，必须保证不和所有的老规则矛盾，就像政府的某一个部门要出台一条新的规定，但这条规定又和其他的部门相关，所以它要事先一一问询，确保其他的部门过去都没有出台过和新规则相矛盾的规则。当规则累积到几千条，甚至上万条的时候，系统就极为复杂了，这个过程需要时间，多久呢？费根鲍姆带领团队开发第一个专家系统整整用了 10 年。

人生有几个 10 年？

更可怕的问题是，任何规则都有例外，也有一些难以明确的、

模棱两可的、可以酌情处理的地方，这也给规则的代码化带来了困难，各个规则之间开始出现矛盾，谁先、谁后、谁主要、谁次要，往往很难确定。除了这些挑战，人类很快又发现了新的矛盾。所有的专家系统聚焦的都是专门知识，只能应用在一个专业领域，换个领域又得再做一遍。古人说三百六十行，而现代社会三千行、三万行都不止，专家也不是铁打的，怎么可能一一做下来？而且，知识还在不断更新中，很多生活常识都难以一一规则化，由计算机科学家来总结人类的知识，再把它们逐一用"规则"的形式教给计算机，这相当费时间，也永远教不完。

当我们以为专家系统的发明可以让人工智能一日千里的时候，却发现人类把自己带入了死胡同，看起来我们给自己挖了一个坑。这个时候，一个异想天开的想法突然冒了出来：机器能不能自己学习知识、自己制定规则呢？如果能，不就可以让人类既省时又省力了吗？

这个想法令人激动！

如果机器可以自己翻阅书本，自己查资料、找案例，自己分析、推理、得出结论，像个合格的学生一样，自学也能成才，那岂不是可以一劳永逸地解决问题，免去我们不断去教机器知识，又深陷知识领域无穷无尽的困扰了吗？

　　在 1956 年的达特茅斯会议 10 位核心参会者中，有一位 IBM 的科学家，他叫塞缪尔（1901—1990）。1952 年，IBM 发布了第一款商用电子计算机 IBM701。不久后，塞缪尔就在这台机器上开发了第一个跳棋程序"Checker"，这个程序向世人展示了计算机不仅能处理数据，还具备了一定的智能——和人类下棋。这个程序引起了大众的好奇与关注，IBM 的股票在程序发布之后应声上涨了 15 个百分点。

塞缪尔发明的跳棋程序在当时战胜了很多人。事实上，相比于国际象棋、围棋，跳棋才是计算机最早战胜人类冠军的领域。

　　加拿大阿尔伯塔大学1989年开发的"Chinook"跳棋程序，在1994年战胜了人类跳棋冠军廷斯利。而国际象棋程序、围棋程序战胜人类的时间分别是1997年、2016年。

　　塞缪尔不断完善这个跳棋程序，他在其中设置了一个隐含的模型，伴随着棋局的增多，这个模型可以记忆，然后通过记忆和计算为后续的对弈提供更好的招数，看上去像是为这个程序装上了大脑。

　　塞缪尔因此认为，机器可以拥有类似于人类的智能。1959年，他正式提出了机器学习的概念。也就是说，塞缪尔完全相信，计算机可以学习，他的跳棋程序就是一个小小的证明。但很多人质疑，跳棋过于简单，它的变化有限。数学家已经证明，只要对弈的双方不犯错，最终一定是和棋。人类面临的各种真实问题要远比跳棋复杂，所以这个经验很难被其他领域复制。

　　围绕机器能否学习这个问题的讨论及其产生的分歧，最终使人工智能的圈子分化为两大清晰的阵营。

　　一派是柔软的仿生派。他们认为，学习是人类大脑特有的功能，只有对大脑进行模拟，理解人类是如何获得智能的，才能最终实现人工智能。因此，研究人类大脑的认知机理，搞清楚人类大脑的秘密，掌握大脑处理信息的方式，是计算机实现人工智能的先决条件。

　　另一派是冷冰冰的数理派。他们认为，计算机没有必要模仿人类大脑，也没有必要去了解人类的智能是如何产生的，人类应

该用数学和逻辑的方法，构建让计算机执行的规则，一步一步地教会计算机"思考"。最终我们获得的计算机智能，可能完全不同于人的智能，就好像飞机看起来是模仿鸟，但飞机的翅膀和鸟的翅膀完全是两回事，飞机反而比鸟飞得更高、更快。

这两个阵营的争辩，有没有让你想起前文提到的关于海豚文明和机器人的讨论？当然，和其他争辩一样，讨论中永远都有中间派。中间派认为仿生派的主张很完美，但在短时间内人类无法完全了解人类大脑的认知机理，如果片面强调对人类大脑的模仿，人工智能就会停滞不前，所以务实的选择，还是应该先支持数理派。

还有人对数理派主张的原理和逻辑提出质疑，他们认为人类学习到的很多技能是在潜意识里完成的，根本说不清楚。例如，我们五六岁的时候，就可以学会骑自行车，但我们根本不懂牛顿运动定律，也不明白为什么静止的自行车很难一直立着，而运动中的自行车就不会倒下。什么都不懂，照样骑得飞快。即便懂得那些定律，也可能学不好。生活中存在很多不能完全解释的行为，只要能做到，我们享受成果就好了。

作为人工智能这个学科的创始人，麦卡锡是坚定的数理派。他提出，人工智能的方法必须以规则和逻辑为基础，在达特茅斯会议的邀请函中，他这样陈述了会议的举办目的："原则上，学习的每一个方面、智能的所有特点都应该被精确地描述出来，机器才可能对其进行模拟。"

这句话暗含的意思是，一切知识，首先要能说出来，只有能用语言精确地描述出来的知识，才能被制定为规则，才能让机器模拟，而隐性知识就无法模拟。就像画一幅画，你得告诉机器如何执笔、如何构图、如何上色，而去跟机器说什么意境、思想，机器是无法模仿的。

什么是隐性知识？

春秋时期，有一位霸主叫齐桓公。有一天，他在堂上读书，堂下有个人在砍削木材，制作车轮，两人便聊起天来。这个木工告诉齐桓公，对做车轮而言，读书未必有用。要做一个好车轮，轮子上的孔要大小合适，插进孔的轮辐要不紧不松，这里面有规律，但只可意会，不可言传。他没办法和他的儿子说清楚，他的儿子也无法从书本上学到，人类只能在实践中积累经验。这就好比光看琴谱，就算背下来也无法弹出好曲子一样，人类有些知识，是无法用文字记录和表达的，必须通过实践才能获得，这样的知识我们称之为隐性知识。

　　麦卡锡对人脑的结构和机理完全不感兴趣，他根本就不想和心理学、认知学、脑科学有任何交集。他公开说："人工智能的目标，就是远离对人类行为的研究，它应该成为计算机科学的分支学科，而不是成为认知学、心理学的分支学科。"

从一开始，数理派就占据了主流。但你可以想象，这些争论已经超出了技术领域，进入了哲学范畴，争来争去，不可能有统一的答案。当时的观点非常多元，甚至同一个人的观点也前后矛盾。专家系统的成功是数理派的顶峰时期，但专家系统的实用性仅仅局限于某些特定的场景，很难升级、扩大。它火了一阵之后，数理派就陷入了困境，人工智能进入了第二个低潮。在此期间，历史重演，各种投资再一次大幅削减，这个时期被后人称为"人工智能的冬天"。看起来，我们又跳进了另外一个坑中。

达特茅斯会议的另外一位组织者是明斯基，他也被后世誉为"人工智能之父"。明斯基认为，人脑完全可以模仿，其实人脑本身就是一台计算机。他表示："我打赌，人脑就是一台组装的计算机，人类就是一台由肌肉组成的机器，只不过是头上顶了一台计算机而已。"

　　从这些话可以看出，明斯基是仿生派。但戏剧化的是，恰恰就是明斯基在 1969 年给了仿生派一记重击，使仿生派陷入了十多年的颓废期。

6
试着做一个大脑？

　　仿生派的研究，起源于人类对大脑和神经系统的认识。20世纪初，人类发现构成神经功能的基本单位是神经元。每个神经元都各有功能，它们彼此联系，共同处理信息。

　　具体到一个特定的神经元，负责接收信息的部分叫作树突，一个神经元有多个树突。但是，向外传导信息的渠道只有一条，这部分叫轴突。在轴突的尾端，有很多个末梢，它们和其他神经元的树突连接，形成突触，用以传递信号。猜猜我们的大脑里有多少个这样类似流星锤的家伙？答案是上千亿个！

　　这意味着，一个神经元可以接收多个神经元的信息，这些信息在经过处理之后再以统一的形式传递出去。

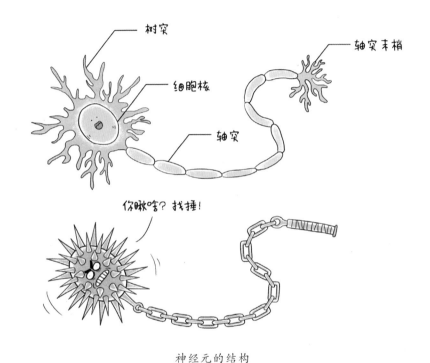

树突

细胞核

轴突末梢

轴突

你瞅啥？找捶！

神经元的结构

　　也就是说，输入的信号可以有多个，但输出的只有一个，即一个传递信号是由多个接收到的信号共同决定的。照着学还不行吗？神经元的这个结构给了人类巨大的启发，人类开始模仿这个像流星锤的家伙，构造计算机的决策单元。

　　1957 年，美国康奈尔大学计算机教授罗森布拉特（1928—

1971）提出了感知器的概念。一个感知器可以接收多个来源的信息，这些信息互相作用、互相影响，然后形成新的信息并传递出去，是不是和前面提到的神经元传递信息的方式很相似？

后来人们又发现，人脑神经元的突触的紧密度是可以变化的。这表明，不同神经元传达的信息对最终信息的影响是有区别的，有的影响大，有的影响小。于是，计算机科学家又引入了一个新的概念——权重，用来表示影响强度的大小。权重越大，影响就越大；权重越小，影响就越小。

现在我们要做的一件事情是，用感知器替代神经元，去模仿人类的大脑。当很多个感

知器连接到一起、每个感知器对最终的信息输出又有不同权重的时候，它就在模仿大脑神经突触互联的信息处理方式，形成了一个类似大脑的信息处理网络，人们就称这种模式为神经网络。

感知器的逻辑结构

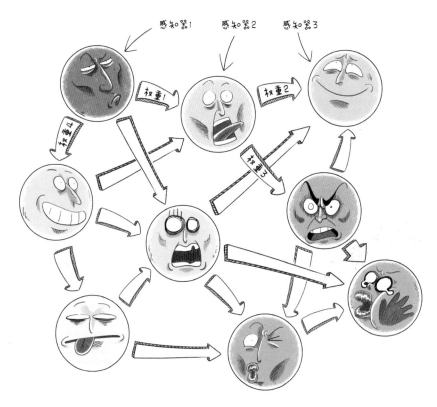

一个神经网络的结构示意

接下来的几年，神经网络成了机器学习最受关注和最具争议的方法。在此之前的人工智能都是数理派的做法，程序员通过编写代码，告诉计算机要做什么。这里面有大量的"如果……那么……"的语句，"如果 X 大于 100，那么转向第 25 行代码，执行乘法运算""如果符合某条件，那么确认第 3 个权重为 0.8"。这本质上是为计算机定义规则，再求结果。

机器学习反其道而行之。它先明确谁是自变量、谁是因变量，然后根据这些去推导可能的结果，通过很多数据告诉计算机，然后不断调整神经网络中各个感知器的权重，让它输出的最终结果更加符合现实数据。用一个数学术语来表达的话，叫作拟合，这就是我们将其称为机器学习最主要的原因。打个比方，老师让我们去种一株植物，并不告诉我们如何做才能成功，而是让我们自己去尝试。关于阳光、温度、水和肥料等因素对植物生长过程的影响，我们不断地尝试后，得出一个最接近成功种好植物的方式。只不过这里把"我们"换成了"机器"，机器就这样自我学习、自我进化。

自变量和因变量

这两个术语来自数学，其实也很好理解。就是如果一件事变化，导致另外一件事也发生了变化，那么前一件事就是自变量，后一件事就是因变量。这种关系可以写成一个简单的方程，如 $y=2x$。在这个方程中，自变量是 x，x 发生变化导致 y 也发生了变化。所以因变量是 y，2 可以视为权重。即 x 变了，y 也跟着变。

拟合

就是让不同事情的发展轨迹和最终结果走向一致。比如，我们扔出一个球，那么理想的数学方程能精确地计算出球的每一步运行轨迹。如果我们找到了一个方程，它计算出来的结果跟实际结果一致度越高，就代表拟合度越高，数学方程也越成功，而科学家的任务就是找到这个方程。

人工神经网络模型一开始不定规则，而是像给婴儿喂奶一样给计算机"喂"数据，即从最后的结果出发，让计算机去计算需要多少个感知器、每个感知器之间的权重又是多少。这些感知器和权重就是规则，在前面的例子里，感知器就是前文提到的阳光、温度、水和肥料等，权重就是多少阳光、多高温度、多少水和多少肥料。这种方法，本质上就是把结果告诉计算机，让计算机找出规则，就像是一种倒推。

打个比方，用数理派的想法去建一座房子，首先要告诉计算

人工智能、机器学习、深度学习和神经网络的关系

机我们要建一座什么样的房子，是什么样的结构，然后计算出需要多少根木材，每一步如何界定先后顺序，最后通过计算机去拼装。而人工神经网络的机器学习，就是我们给计算机这些材料，让计算机不断学习、试错，最终拼装成一座和我们想象的房子无比接近的产品。并且在这个过程中，计算机积累了经验，以后再拼装其他类型的房子时，就不需要我们重新告诉它每一步的规则了。这样看来，机器学习有一种"授人以鱼，不如授人以渔"的感觉了。

这个过程和人类的决策过程高度相似。我们已经反复地讲到，数据就是对客观情况的记录，这种记录包含着原因、表象和结果，它代表着过去的经验。通过机器学习，这些经验被构建成一种模型，运用到新的场景认知中去，也就是我们常说的"举一反三"。所以，机器学习只是把"人类"换成了"机器"，和我们学习的道理是一样的，让机器有了学习的能力。

在这个过程中，计算机表现出来的不是比人聪明，而是比人能干。因为计算量太大，普通人同时考虑四五个自变量，大脑就不堪重负了。计算机却可以同时考虑成百上千甚至上万个自变量，并在很短的时间内完成非常广阔的、复杂的计算，这正是计算机的过人之处。说白了，计算机就擅长干这个。

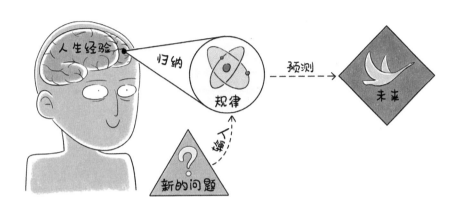

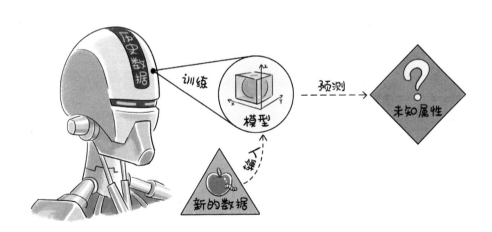

人类思维和机器学习的逻辑对比

一个完备的神经网络，可能有成百上千个感知器，也正是因为每一个感知器都需要计算，于是大量的计算成了神经网络的必备条件。

听起来是不是有一种豁然开朗的感觉？我们让计算机学会了学习，然后把一切交给计算机，就可以坐享其成了吗？醒醒，上一章末尾提到的明斯基的一记重击到来了。

要知道，神经网络提出于二十世纪六七十年代，当时计算机的计算能力非常有限。这时，明斯基说话了，他出版了一本著作《感知器》，专门指出神经网络必须要有很多层的神经元。但即使只增加一层，计算量也会呈几何级增加，那个时候的计算机没有这个能力，所以神经网络没有未来。当时的明斯基没有预料到，未来计算机的计算能力会呈几何级增长。他的论断，在今天看来无疑是错了，但在当时的计算能力下却很有说服力。作为人工智能领域的重要人物，他已经拥有巨大的影响力，他对神经网络的悲观态度具有风向标般的意义，使得许多学者和实验室纷纷放弃了对神经网络的研究。

接下来的 10 多年，神经网络陷入了"冰期"。20 世纪 70 年代中期，学术论文中只要带上"神经网络"的相关字眼，就会被学术期刊和会议拒之门外，自此神经网络无人问津。

有些人认为明斯基应该为这样的"冰期"负责，其实这是拿今天的状况去评判前人的得失了，科学这潭水从来都不是一览无余、清澈见底的。曾经人类认为天圆地方，日月星辰都围着地球转，后来人们发现是地球绕着太阳转，再后来发现太阳系只是银河系中的一个小角色，银河系又是星系团的一个组成部分。

　　回过头再去看明斯基对神经网络悲观的论断，从另一个角度说，专家也不是绝对正确的，再厉害的专家也一样会犯错，尽信书不如无书。真理，从来不是随随便便得到的，需要时间和实践的不断检验。

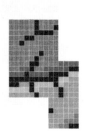

7
深度学习：先来调配
一杯鸡尾酒

你听说过鸡尾酒吧？它是由酒、果汁、汽水等多种饮料混合而成的。任何一种酒，如茅台、伏特加、威士忌、白兰地、葡萄酒都可以混进去，再掺加各种果汁，可以是苹果汁、草莓汁、雪梨汁等，还可以加上牛奶、咖啡、红糖、蛋清、香精等，最后摇晃搅拌而成。

在这个过程中，我们有理由相信，每一种成分的多少，甚至混合的先后顺序不同，都会影响鸡尾酒最后的味道。

现在别人给了你一杯非常美味的鸡尾酒，并且告诉你这是由五粮液、威士忌、白兰地、葡萄酒、雪梨汁、草莓汁、牛奶、香精等 10 种材料混合而成的，但各种材料的多少却没有告诉你，你需要自己调配出来。这听起来，是不是有些难？

在解决这个问题之前，我们需要了解深度学习，以及辛顿教授。

在神经网络 10 多年的"冰期"中，也有极少数学者一直在坚持研究，其中有一个人后来成了旗帜性的人物，他就是卡内基-梅隆大学的教授辛顿。

辛顿是心理学出身，他痴迷于认知科学，数十年如一日地专注于神经网络的研究，但在读博士期间，他身边几乎所有人，甚至他的导师都建议他放弃神经网络，转向数理逻辑领域。辛顿从年轻时就一直相信，大脑对事物和概念的记忆，不是存储在某个单一的地点，而是像全息照片一样，分布式地存在于一个巨大的神经元网络里。当人脑表达一个概念的时候，不是借助单个神经元一对一地获得支持。概念和神经元是多对多的关系，即一个概念可以用多个神经元共同定义表达，同时一个神经元也可以参与多个不同概念的表达。

这个特点被称为分布式表征，它是神经网络派的一个核心主张。例如，当我们听到"长白山"这个词的时候，它可能涉及多个神经元，一个神经元代表形状"长"，一个神经元代表颜色"白"，一个神经元代表物体的类别"山"。三个神经元被同时激活时，才能准确再现、理解我们信息交流中的"长白山"。至于一千个人眼中有一千种不同的长白山，则跟个人经历、情感、记忆和性情有关了，这又是更多的神经元参与的结果。你听到长白山想到了家乡，想到了温暖，因为你可能从小在长白山下长大。而一个江南人听到长白山，心里涌起的却可能是对冰天雪地的渴望，或是对寒冷的畏惧。

2006 年，辛顿在《科学》期刊上发表了一篇文章，提出了深度神经网络的概念，即增加神经网络中感知器的层数，以分析、捕捉事物更深层次的特征。辛顿认为，随着层数的增加，整个网络的参数也会增多，其构造的函数具有更强的模拟能力，它可以无限逼近人类思考的过程。就好像给你一堆火柴棒，让你必须拼成一个圆，如果只给你 4 根，你只能选择拼成一个正方形；给你的火柴棒数量越多，你拼成的形状就越能无限接近圆形。辛顿还改革了传统的训练方式，增加了一个预训练的过程。这两种技术的运用，大幅减少了计算量和时间。

为了形象地描述这种多层神经网络的方法，辛顿赋予了这种方法一个新名字——深度学习。

深度学习试图全面模仿人类神经网络的机理：每一个神经元既可以存储也可以计算，计算和存储都是分布式的，每一层的每一个神经元都接收上一层的输入信息，当一个神经元处理完一个

辛顿

辛顿有多位家人患有癌症。他认为，人工智能将改变医学，他期待未来人们仅用 100 美元就可以绘制自己的基因图谱（2018 年的成本是 1000 美元），以提前分析自己患上各种疾病的可能性。辛顿还认为 X 光片的检测很快将完全由机器完成，放射科医生即将下岗。

信息之后，信息就会被传导到其他神经元，其传导关系是强是弱、中间如何转换，就是神经网络中需要通过学习确认的权重大小。而增加神经元的层数，就可以增加权重的数量，进而构建出非常精妙的模型，拟合现实世界的复杂现象，逼近人类的智能反应。

对人类而言，深度学习的算法就像大脑的运作一样，我们"知其然，不知其所以然"。它就像一个不透明的黑箱子，到底是怎么运作的，恐怕连算法的设计者也无法回答。它真正能让人在不知道它是什么意思的情况下，也感觉它很厉害。

说回到一开始我们讲的调制鸡尾酒，这个时候，你必须通过深度学习的网络把这个口味"拟合"出来。

对由很多个感知器组成的多层神经网络，我们可以形象地将其理解为一个由大小各不相同的水龙头组成的配方网络。每一个水龙头都有一个阀门，负责调节一种原材料的多少、流量和流速，各种液体原材料从左侧输入，刚开始，每个水龙头都控制一种液体。我们为了获得想要的味道，就要先从最右边开始，从右到左一层层地调节各个水龙头的阀门，使某种特殊成分液体的流量达到要求，通过一层一层地控制，不停地混合，我们最终可以配出和那一杯鸡尾酒一样的味道。

如果两层网络不行，我们就增加调节的层数，或者增加每一层可以调节的阀门，然后努力地调节这些阀门，最后这杯鸡尾酒被调制出来了，它的味道和你想要的一模一样。但你要问，为什么每一层的每一个阀门要调节成这个样子，可能就连整个网络的设计

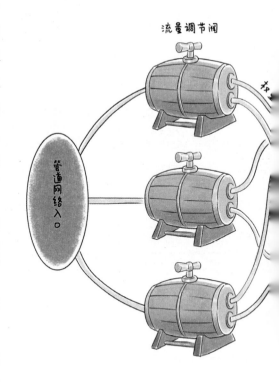

者也说不清楚，也就是前文说的"黑箱子"。

争议归争议，深度学习很快在图像识别领域大放异彩。不管我们将这些理论形容得有多厉害，最终的考核标准都是实际效果。实际效果不好，再高深的学问也是没有用的。

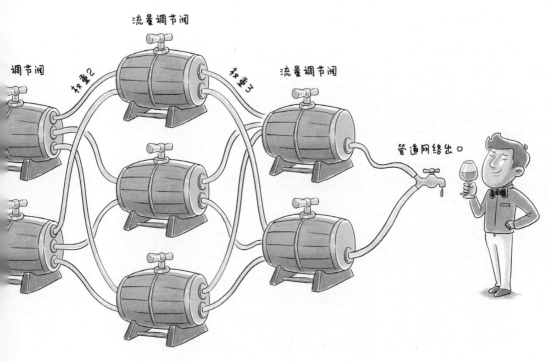

深度学习的多层神经网络就好像调制鸡尾酒的管道网络

2012 年，辛顿带领团队参加了图像网络（ImageNet）图像识别大赛。在此之前，ImageNet 冠军团队的图像识别错误率一直在 25% 以上。辛顿用深度学习的方法，把错误率大幅下降到 15.3%，排名第二的日本模型，错误率则高达 26.2%。这个进步令人震惊，整个人工智能领域都为之沸腾。

之后，深度学习不断地创造新奇迹。在 2017 年的 ImageNet 图像识别大赛中，错误率被降到了 2.25%，这已经远远低于一个普通人的错误率。也就是说，深度学习算法已经超越了人类的"眼睛"，图像识别迎来了崭新的纪元。

ImageNet 图像识别大赛

为了推动机器视觉领域的发展，2009 年，斯坦福大学教授李飞飞、普林斯顿大学教授李凯等华裔学者发起建立了一个超大型的图像数据库。这个数据库建立之初，包含了 320 万张图像。它的目的是以英文里的 8 万个名词为基础，每个词收集 500 ～ 1000 张高清图片，最终形成一个有 5000 万张图片的数据库。

从 2010 年起，他们每年都以 ImageNet 的数据库为基础，举行图像识别大赛。大赛的基本规则是：参赛者以数据库内的120万张图片（这些图片从属于1000多个不同的类别，且都被手工标注过）为训练样本，用经过训练的算法，去测试5万张新的图片，自动标出这些图片最可能从属于的5个类别，如果正确答案都不在里面，即为错误。错误率越低，图像识别的准确率越高。

2017年，ImageNet图像识别大赛已经发展出"物体识别""物体定位"和"视频中的物体识别"三大竞赛单元。

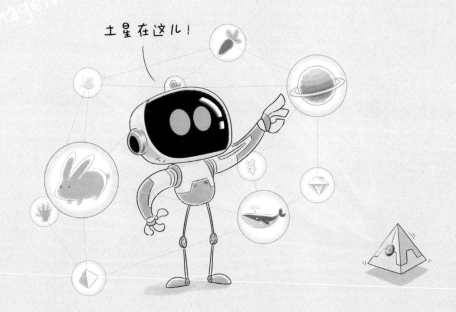

当然，深度学习的进步，并不全是辛顿的功劳，除了算法本身的不断优化，还有两点更为关键的外部因素：一是计算能力的大幅提升，和 20 世纪 60 年代相比，计算机的计算能力提升了数百万倍；二是大数据的出现，因为有海量的训练数据，机器才可能自主学习，不断调整算法的参数和函数关系。若没有这些外部条件，深度学习将是痴人说梦。

人们普遍认为，深度学习是近 30 年来人工智能领域最具突破性的发明，它带领人工智能进入历史上的第三次高潮。人脑的生理结构在过去几万年都没有太大的变化，但数据每年却呈爆炸性增长，计算能力也在日新月异地进步。在这一次高潮当中，越来越多的人相信，人脑不仅可以被模仿，而且可以被超越。

"冰期"就这样到了"蜜月期"。就是这样，不看好时，百无一用；看好时，众望所归。

所谓超越，是指记得更多、算得更快，可以同时探索、分析更多的数据和事实。我们必须认识到，就像很多动物在体力上优于人类一样，计算机在计算能力上也大大优于人类。我们的速度比不上马，视力远不如鹰，力气比起熊差远了，可是人类仍然是这个星球的支配者，因为人类有一颗综合实力最强的大脑。因此，我们也应该以更积极乐观的心态面对人工智能，就像牛和马可以

代替人类做一些事情一样，机器也可以代替人类完成一些高难度的计算工作。准确地说，人工智能是人类脑力的延展，而不是超越和替代人类本身。

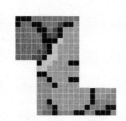

8
买光硬盘和眼药水，
就为了认张脸

眼药水的脱销

深度学习问世之后，首先在图像识别领域得到了广泛的应用，图像识别就是让计算机能够"看"到世界、"看"懂世界。

计算机的图像识别相当于让机器长出"眼睛"，意义非常重大。人类获得的所有信息，80% 是靠眼睛，20% 是靠耳朵，能看能听，才可能做出自主的决策。人们说"眼观六路，耳听八方"，又说"耳听为虚，眼见为实""耳聪目明"，关于眼和耳的语句和词语大多跟个人认识世界的能力有关，说到底就是获取信息、处理信息，得出有效结论的过程，这与计算机的运行模式并没有太大的差别。

世界上很多图片，都是以人为中心的，而关于人的图片，又以人脸为中心。人类很早就认识到，人脸识别是识别一个人最主要的、最基本的和最便捷的途径。

在 1956 年人工智能的概念被提出来之后，人脸识别自然成了人工智能的一个重要课题，它又被认为是机器视觉的一个重要子领域。机器视觉，就是让机器长出"眼睛"的意思。

人脸识别就是把一个人的照片输入计算机，人工智能可以识别这个人的身份，这有什么用呢？你以后到任何地方、办任何事都不用带身份证，还可以用人脸支付。除此之外，人脸识别还有很多作用，其中最重要的一点，就是可以降低犯罪率，让我们的社会更安全。

关于人脸识别和社会安全的关系，我们来看一些真实的故事，从中体会一二。

2012 年 1 月 6 日，南京和燕路发生一起抢劫案，一名歹徒枪击了一名刚从银行走出来的男子，抢走了 20 万元现金。因为他残忍的作案手法非常特殊，南京警方立刻联想到一个人——全国通缉犯周克华。这个人身负 11 条人命，被称为"杀人魔王"，已经在逃 8 年了。

南京警方立即在全城进行搜索和布控，同时紧急调取各个街道、路口的监控视频，试图从视频中发现周克华的活动轨迹。全市所有的监控录像以最快的速度被汇集到一起，公安部门把这些图像复制到上千个硬盘中，分发给上千名警察。一天之内，南京警方几乎就把市场上的硬盘都买光了。每名警察面前一台计算机，他们盯着一帧一帧的画面，非常仔细地看，希望能发现周克华的身影。当感到眼睛疲劳酸胀时，他们就仰起头滴几滴眼药水，接着再看，只要人还没有抓到，新的视频就源源不断地被送来。没

过几天，周克华没找到，南京的眼药水倒是先卖光了。

　　类似的脱销潮，之前在长沙也出现过。一年前，周克华曾经流窜到长沙，先后作案 3 起。当时的公安局视频侦查大队的队长匡政文回忆说："为了在视频中找到周克华，全市 1000 多名警察在短短两个月内观看了近 30 万 GB 的监控视频，这相当于每名干警每星期看 30 多部电影（按每部电影约 1GB 计算）。"这还不是放松地欣赏，而是眼睛连眨都不敢眨，生怕漏掉一个细节地紧盯，有时还得颠来倒去地看，可想而知，这是多么费眼睛的一件事。

每天晚上，匡政文一个人坐在办公室里，他必须梳理一天新产生的视频，紧盯镜头反复观看，一遇到疑点就记录下来，每天睡眠不足 3 个小时。第二天一起床，他就要赶去视频现场进行测量、查证。这样看了 3 个月，匡政文最后在海量视频中成功地捕捉到了周克华的正面清晰照，对案件的侦破起到了重要的作用。2017 年，匡政文被评为"全国公安百佳刑警"。

通过 1000 多名警察没日没夜地查看监控视频，南京警方发现，至少在案发前 20 天，周克华就已经潜入南京，并多次前往案发银行踩点。他还坐过公共汽车，在商店里买过生活用品。

然而，无论在南京还是长沙，当警方通过人眼花费大量的时间在视频中寻找周克华的时候，他其实已经离开了这个地方。

类似的故事也在美国上演。2013 年 4 月的一天，两枚炸弹先后在波士顿马拉松比赛的现场爆炸，造成 3 人死亡、183 人受伤。警方抵达现场后第一时间就成立了一个人眼战斗小组，日夜不停地查看现场视频。为了确认线索，其中一名警察反反复复地将同一段视频看了 400 多遍，最后在视频中成功发现了犯罪嫌疑人的正面照。

这都是 2012 年前后发生的事情，今天的情形已经大不相同。镜头越来越多，数据量越来越大，摄像头在快速联网，它们拍摄到的视频都被存储在云端了，可以随时调用。这意味着，如果再出现类似的案件，警方也不需要用硬盘复制、分发视频，几千名警察可以同时在云端观看。更重要的是，因为深度学习技术的出现，人工智能可以大显神勇，成倍地提高人脸识别的效率，再也不用担心眼药水和硬盘会脱销了。

计算机如何识别我们的脸

识别人脸背后的技术支撑其实非常复杂。要知道，让你在一张同学的毕业照中认出自己好朋友的脸很容易，很多人只需要几秒钟就搞定了，但要在成千上万张陌生的人脸当中认出一个人是极为困难的。地球现今有 70 多亿人口，而迄今为止，已经有1000 多亿人口曾在地球上生活过，你却几乎找不到两张完全相同的人脸。

人脸有表情，一个人所有的情绪变化都可以通过脸部的细微变化传达出来，这又增加了人脸的神秘性。因为这种多样性、复杂性，人脸一直让艺术家着迷，从埃及最早的狮身人面像到达·芬奇的《蒙娜丽莎》、爱德华·蒙克的《呐喊》，再到其他各种艺术作品，人脸是古今中外艺术家创作的永恒主题。也可以说，艺术家对人物和生命的刻画主要都体现在脸上。

艺术家着迷于人的表情，但对于人脸识别而言这就是灾难了。一张笑着的脸和一张哭丧着的脸，哪怕是同一个人，也是完全不同的。

脸部刻画是艺术家永恒的主题

《父亲》，罗中立

《我要读书》，解海龙

《戴白色帽子的农妇》，凡·高（1853—1890）

《蒙娜丽莎》，达·芬奇（1452—1519）

《呐喊》，爱德华·蒙克（1863—1944）

人脸的这些特点给人脸识别带来了很大的挑战。雷谢夫斯基（1886—1958）是 20 世纪最有名的"记忆大师"，他可以记住无比复杂的数学公式、矩阵，甚至几十个连续的英文单词。在一次试验中，70 个单词，只要对着他念一次，他就能马上背诵出来，可以从前往后背，也可以从后往前背。就算是如此擅长记忆，他也坦言，他无法记住人脸，他是这样说的：

> 人脸是如此多变，一个人的表情依赖于他的情绪，以及你们相遇时所处的情境。人们的表情在不断地变化，正是不同的表情使我感到困惑，我很难记住他们的脸。

无法记住人脸的原因是，人脸的特征很难被精确地量化。我曾经请教我的好朋友"记忆大师"王峰先生，他曾在电视节目《最强大脑》第二季的节目中，用 8 秒时间记住了两副麻将和 272 张扑克牌，当时现场一片惊呼声。王峰告诉我，数字和词语之所以能够被精准地记忆，是因为数字的组成无非就是 0 ~ 9 这 10 个数字的排列组合，词语无非是由那些常见的字组成的。他的秘诀就是将你要背的内容，通过构建一个场景来辅助记忆。我们人类大脑记忆场景的能力要比记忆文字的能力强很多，这是我们天生的能力，也是看电影会比看书更容易记住相关情节的原因。

人脑容易对数字和词语的特点进行"编码"，而人脸确实难记，这是因为人脸的模样有无限种可能，而我们很难对人脸的特征进行"编码"。比如，我们只能说这个人的脸比较大、眼睛比较大、双眼皮、厚嘴唇等，这些都是相对的，无法精确量化，这就给识别和记忆带来了挑战。

那深度学习究竟是如何识别人脸的呢？人工智能又是如何克服这个难题的呢？

现在非常流行刷脸支付，打开支付宝，把摄像头对着自己的脸，一笔支付就完成了。这是非常尖端的科技，在开通支付宝刷脸支付前，你需要上传一张面部照片进行认证，人工智能将你个人面部所有的特征都记录下来。在支付时，人工智能首先要寻找两只眼睛的位置，然后确定人脸的区域，把这个区域转成灰度图片，因为在面部识别时不需要颜色数据，再根据算法和模板提取这张脸的各种特征，如眼睛、耳朵、嘴巴等脸部器官各自的大小、所处的位置、分布的距离、比例等几何关系……最后把这些特征和目标人脸进行对比，以确认是不是同一张脸。

　　是的，所有的一切瞬间就能完成。

人脸识别的步骤

　　人脸识别的步骤：第 1 步，获得照片；第 2 步，确定眼睛的位置，照片被调成灰度并被裁剪；第 3 步，脸部图像被转换成软件识别的模板；第 4 步，

使用复杂的算法，将图像与图片库的照片进行特征
点的比对、检索；第 5 步，输出识别结果。

但在深度学习发明之前，这项工作极为困难，人脸识别的准确度很低。因为即使是同一个人，当头部大角度转动后，人脸各部位的位置就改变了。当然，不同的光照强度、角度、面部表情、年龄增长等因素，都会严重影响到识别的准确率。

让我们来看一下，深度学习是怎么做的。

深度学习可以把人脸的每一个部位的特征都找出来，各个特征不断叠加、验证，从而提高识别的准确率。

例如，我们可以提取人脸上的 128 个特征点，包括双眼的距离、鼻子的长度、下巴的弧度、耳朵的长度、每只眼睛的外部轮廓、每条眉毛的内部轮廓等。接下来，训练一个深度学习的算法，搭建一个多层神经网络。先给计算机 3 张照片，前两张是同一个人的，第 3 张是另一个人的，算法会查看自己为这 3 张图片生成的 128 个特征点的函数值；接着不断调整所有神经元的全部参数，也就是我们所说的调配鸡尾酒的阀门，以确保前两张（即同一个人的照片）生成的函数值尽可能接近，而它们和第 3 张生成的函数值略有不同。

接下来，要在更多的照片中重复这个步骤，照片可以来自几

百万个人，越多越好，这样神经网络就能学会如何可靠地为每个人生成 128 个函数值。对同一个人的不同照片，它都应该给出大致相同的函数值，当这些值的接近度超过一定比例的时候，计算机就能判定它们是同一张人脸，而对于不同的人，这个值应该是有明显不同的。计算机究竟如何构造这个函数，作为用户的我们并不关心。我们关心的是，当看到同一个人的两张不同的照片时，我们的函数是否能得到几乎相同的数值。

例如，两眼之间的距离，女性一般是 56 ～ 64 毫米，男性以 60 ～ 70 毫米居多，儿童一般在 55 毫米左右，婴幼儿约为 40 毫米。在训练模型的过程中，若输入一张女性人脸，双眼间距为 65 毫米，计算机就会认为这不是一张女性的脸。因此，我们需要对女性双眼之间距离的长度范围进行调整，修正为 56 ～ 65 毫米。这个过程就是参数调整，深度学习就是通过不断调整参数，最终完成模型训练的。

在训练算法的时候，如果我们告诉计算机这些数据是同一张女性的脸，即标记这张脸为同一个人，这就叫监督学习。而无监督学习，就是训练数据并不标记，而让算法自己去找规律。

9
读心术

43块肌肉的秘密

　　我们前面讨论过，图像识别，特别是人脸识别具有巨大的价值和意义，但对人脸的图像分析，目的并不仅仅在于识别，同一根茎上还开出了另外一朵花——表情分析。如果说人脸识别是为了确定一个人的身份，那么表情分析就是想深入了解一个人的内心，这无疑是难度更大的事情。

　　人有七情六欲、喜怒哀乐，这些情绪直观体现在人脸上。人的表情还很具有欺骗性，哭着笑、笑着哭，时而哭、时而笑。对面部表情的研究，无论东方还是西方，都有专门的学问，中国的古书《智囊全集》就记载了下面这样一个故事：

春秋时期，齐桓公有一次上朝与管仲商讨攻打卫国。退朝回宫后，卫姬一看见齐桓公，就立刻跪拜，替卫国的君主请罪。齐桓公问其原因，她答道："我看见君王进来时，步伐高迈、神气豪强，有讨伐他国的心志，看见我之后却脸色骤变，一定是要讨伐我的母国卫国了。"

次日，齐桓公上朝，管仲问："君王取消攻打

看来君王是打算取消攻打卫国的计划了。

哇！仲父，你怎知寡人心思？

卫国的计划了吗？"齐桓公疑惑地问："你是怎么
　　知道的？"管仲说："君王上朝时，态度谦让、语
　　气缓慢，看见臣下时却面露愧色，所以我就知道了。"

　　正是因为善于察言观色，卫姬、管仲才能参透齐桓公内心的玄机，这在中国传统中代表智慧高明。据说，清朝大贪官和珅就是因为太会察言观色、投其所好，用现在的话说就是比较擅长"表情分析"，混成了乾隆皇帝身边的大红人。在电视剧里，他跟刘墉斗，跟纪晓岚斗，老是吃瘪。但在真实的历史中，这两个人根本不可能是和珅的对手。

　　表情分析的奠基人是美国心理学家埃克曼。埃克曼和他的同事用了整整 8 年的时间，创造了一种科学可靠的方法来分析人类的面部表情。他们从解剖学出发，确定了人类面部的 43 块肌肉，每一块肌肉就是一个面部的动作单元，人类所有的表情都可以被视为这 43 个不同动作单元的组合，这些组合形成了一个面部表情编码系统。

　　43 块肌肉可以形成 10000 多个组合，埃克曼认为其中的 3000 个组合对人类是有意义的，也就是可以解读的。为了确认这些组合，埃克曼拿自己做试验，他试图调动自己脸上的每一块肌肉，做出相应的表情。当他无法做出特定的肌肉动作时，就跑去医院，让外科医生用一根针来刺激他脸上不肯配合的肌肉。

这个编码系统非常管用，凭借它，埃克曼创造了人类心理学历史上的诸多传奇。

在精神病院，常常会有人自杀。试图自杀的患者会来找医生并问医生："我现在感觉好多了，可以出院了吗？"有经验的医生知道，精神病患者这样说，可能确实好了。但也存在另一种可能，他们完全绝望了，希望获得脱离监护的机会，一旦脱离监护就会自杀。究竟谁是这样的患者，往往很难做出预判。

埃克曼要求医生把他们和患者对谈的过程用视频记录下来，然后他反复观看。一开始，埃克曼什么都没发现，但当他用慢镜头反复播放的时候，突然在两帧图像之间看到了一个一闪即逝的镜头：一个生动、强烈而极度痛苦的表情。这个表情只持续了不到 0.07 秒，但它泄露了患者的真正意图。埃克曼后来在更多的场景中发现了类似的表情，他把它们定义为微表情，这种表情往往在人脸上一闪而过，未经训练的人无法察觉，它们却隐藏着主人真实的意图和感情。

不仅是痛苦的微表情，埃克曼的表情分析，还可以知道一个人的微笑是发自内心的，还是伪装出来的。自发的微笑由情绪引起，调动的是颧骨周围弯曲的肌肉及眼部周围的小肌肉，这不可能用意识加以指挥；而强挤出来的微笑，调动的是叫作颧大肌的肌肉，它从颧骨延伸到嘴角。还有一块肌肉被称为额肌，位于内眉区域，当它微微抬起的时候，就代表着悲伤。如果你看到了这个动作，就基本可以判断这个人已经非常难过了。

我们必须注意到，埃克曼发现微表情的前提又是"记录"。医生和患者之间的对谈视频是埃克曼用来开展研究最重要的素材，他采用视频，而不是照片，是因为人类的很多照片都是刻意摆拍的，并没有记录下当事人当时自然的状态。当研究人员试图捕捉到表情的变化，希望通过人脸丰富短暂的表情解读一个人的意图时，照片完全无法满足其要求。

当读到埃克曼这样的科学家的故事时，我们不禁连声惊叹他对人类心理的理解，佩服他把表情分析变成一门显性的科学。埃克曼被评为 20 世纪 100 位最伟大的心理学家之一，他曾经在各个行业培训过几万名测谎人员。埃克曼发现，最成功的小组是由曾经担任特勤和特工的人员组成的，因为大多数特勤和特工都有过依赖人们的表情做出判断的经验。

他还建议，法庭上的法官不能仅仅把自己的注意力集中在记笔记上，还要经常盯住证人的面部，这样将减少证人撒谎的机会。埃克曼的工作和经历，后来被拍成了一部电视剧《千谎百计》（Lie to Me）。

当埃克曼创建的面部表情编码系统被证明行之有效后，把它和人工智能结合起来，自然成为很多人的设想和提议。埃克曼本

人也曾经在 2004 年预言："5 年之内，面部表情编码就会成为一个自动系统，当你跟我说话的时候，一个摄像头会看着你，它会立即读出你情绪状态的瞬间变化。"

自 2010 年起，以埃克曼的面部表情编码系统为基础，全世界已经有多个表情分析系统问世。例如，加利福尼亚大学圣迭戈分校研发的计算机表情识别工具箱（CERT），可以自动检测视频流中的人脸，实时识别愤怒、厌恶、恐惧、喜悦、悲伤、惊奇和轻蔑等 30 多种表情，其准确率达到了 80.6%。这套系统除了用于对抑郁症、精神分裂症、自闭症和焦虑症等疾病的分析，还可以装在汽车上，监测驾驶员的疲倦程度，甚至可以用于监测和照顾老年人。毕竟，绝大多数人不会明确地说他们不开心或不舒服，但表情会透露他们的真实感受。

人工智能的边界应用

都说商人的嗅觉是最灵敏的，表情分析很快就被商人盯上了。为了精准地掌握观众对每一个电影情节的反应，迪士尼公司开发了一个观众表情分析系统。在一个拥有 400 个座位的电影院，迪士尼公司布置了 4 台高清红外摄像机。在漆黑一片的影厅中，这个系统能够捕捉全场的哄堂大笑、微微一笑或者悲伤流泪等反应，通过分析这些表情，迪士尼公司可以知道观众是否喜欢这部电影、哪些情节最能打动人，用量化的方法对影片的情节设计进行评价。

这也说明，数据和人工智能正在走进艺术领域。曾经我们认为，计算机能够理解的、能够做的就是科学，计算机不能理解的、

不能做的就是艺术，它们两者之间有着清晰的边界。但今天，科学正在进入艺术的阵地，艺术中能够用逻辑和规则清晰表达的部分，也在变成科学。

　　表情分析也让教育看到了量化的曙光。在课堂上，同一批老师上课，有的学生成绩很好，有的学生成绩很一般，很难弄明白问题到底出在哪里。2018 年 5 月，浙江省杭州市第十一中学引进了"智慧课堂行为管理系统"，几个摄像头装在教室里，每30秒进行一次扫描，它可以识别高兴、伤心、愤怒、反感等常见的面部表情，以及举手、书写、起立、听讲、趴桌子等常见的课堂行为，通过对学生面部表情和行为的统计分析，辅助教师进行课堂管理。

这则新闻引起了巨大的争议，有人赞成，认为它可以监督课

堂秩序、优化学生的学习状态；有人反对，认为这一做法侵犯了学生的隐私。想想也可以理解，被人一直偷偷盯着的感觉很不妙，如果大家从小就生活在监控中，摄像头将扭曲我们的行为，与其说是优化，不如说是异化，甚至是"畸形教育"。

我认为，技术本身并没有正义与邪恶之分，而在于谁来使用，怎么使用。一名老师的注意力是有限的，他可能无法同时关注到课堂上所有的孩子，自然无法同时发现孩子打瞌睡、做小动作、走神等行为，但智能摄像头可以眼观六路，弥补了老师精力的不足，当然应该被采用。

但怎么用是有讲究的，每个人都可能走神，从来不走神的只能是机器。如果一走神就要挨批评，那是把人当作机器。在未来的课堂中，学生如果走神，相对温和的处理办法是智能摄像头把信号传递给学生的智能手表，手表发出震动，提醒学生"回神"，而不是直接提交给老师进行批评。

未来，在表情分析的基础上，还会出现情感计算，即通过人类的表情、语言、手势、大脑信号、血流速度等生理数据，实现对人的情绪、生理状态的全面解读和预测。事实上，和人类相比，机器解读更有优势，埃克曼所定义的微表情，通常是一闪而过的，普通人用肉眼难以发现，但摄像头可以又快又准地捕捉到。对人类表情和情感的解读和预测，机器肯定比人类更为准确。

这就赋予了机器通晓人性的能力，那么接下来这个应用，恐怕会让你感到毛骨悚然。

能分析就能复制，在分析表情的基础上，机器也可以利用43块肌肉组合的方法，再造和人类一样的表情，毕竟埃克曼已经为人类的表情总结出了清晰的编码和规则，把关于表情的隐性知识上升为显性知识。只要具备清晰的规则，计算机就可以理解并且模仿。

这意味着，未来的机器人可以具备和人类几乎一样的表情。当这样一个机器人站在你的面前，如同镜子一般和你做出一样的表情凝视你时，会让你汗毛倒立吗？

这也是人工智能的边界，只要在可以用逻辑、规则和数据表达的领域，人工智能会向人类无限接近。但对无法用规则清晰表达的隐性知识，人工智能就无能为力了，人类显性知识的边界，就是人工智能的边界。

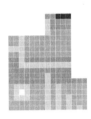

10
电话转接中……

说到这里，我想起自己的一次倒霉的经历了。

记得有一年春夏之交的时候，我从杭州到深圳出差，下飞机的时候，一不小心，把一件新的外套落在飞机的座位上了。本来也不是什么大事，我以为简单地打个电话，留下收件地址，航空公司就可以帮忙把外套寄回杭州。

没想到，我打了一串电话，耗费了整整一个小时，才解决了这个事儿。

"喂，是航空公司吗？"

"您好，先生，请问有什么可以帮到您？"

"您好,我今天搭乘的航班是从杭州飞往深圳,下飞机的时候,不小心把一件外套落在座位上了,能否请你们帮我找回来呢?"

"先生,请问您的姓名是什么?"

"涂子沛。涂是三点水加一个余,子是孔子的子,沛是充沛的沛。"

"涂先生,请问您的航班号和座位号是多少?"

"······"

"涂先生，请在'嘀'声响起后，输入您的身份证信息。"

"……"

"您好，涂先生，您是今天搭乘××航班从杭州飞往深圳，然后落了一件外套在座位上，是吗？"

"是的。"

"能否具体描述一下丢失外套的特征？"

"深蓝色，九成新。"

"好的，涂先生，您的信息已收到。飞机遗失物品信息须与航班机务人员确认，我现在把您的电话转接至深圳机场客服中心，客服人员会与您沟通，可以吗？"

电话转接中……

在整个过程中，我被转接到了 4 个不同的业务部门，丢失外套的经过被重复讲述了 4 次，最后我口干舌燥，终于找到了一个可以负责跟踪的人。

回过头来看，这期间 80% 的对话其实都是无效沟通，不仅浪费了我的时间和精力，也浪费了航空公司客服的时间，还占用了电话线路。这个时候，如果有语音识别技术参与进来，事情就会完全不一样。在我第一次描述外套丢失经过的时候，人工智能可以自动把声音转换为文字，并根据文字的内容自动分析，把电话转接给最合适的接线员来处理。

这就是让机器人聪明起来的另一个办法——语音识别。图像识别让机器人看得见、看得懂，语音识别则是让机器人听得见、听得懂。

让人工智能长出"耳朵"，这个小小的变化所能带来的经济效益，会超出你的想象。

在阿里巴巴的园区里，有一栋特殊的办公楼，这里每天人声鼎沸，员工们从早到晚几乎只干一件事——接电话。2015年那会儿，我还在阿里巴巴工作，当时的阿里巴巴服务全国5亿客户，平均每天要处理20万个电话。你可以猜一猜，阿里巴巴的电话中心需要多少名工作人员呢？

答案是，接近2000名！

当时，阿里巴巴的董事长马云还提出一个目标，说未来阿里巴巴的客户量要增长到原来的4倍，也就是服务全球20亿客户，那又需要多少人接电话呢？这个不难想象，服务的客户越多，电话量就会越多。假设我们按以上的比例关系推算，20亿客户一天就会产生80万个电话，这也就意味着将会有近8000人负责接电话。

但马云同时要求，电话量虽然会增长到原来的4倍，但接电话的人一个也不能多，这可能实现吗？

完全可能！方法还是语音识别。它就好比机器人的听觉系统，说白了，就是让计算机把语音转变成文字，从而"听懂"人类说的话。

举个例子，最近你在淘宝买了一双新球鞋，但鞋码不合适，需要退换。这时，你给淘宝客服打电话，就在电话等待接通的时候，大数据就开始同步分析你的个人资料、最近的购买记录、收件地址和信用等级等信息了。这一通分析下来，它可以猜到是球鞋的问题，把电话转接给那个直接负责处理球鞋退换的接线员。

接线员一接通电话，你向他描述自己的购买经过及退换要求，语音识别随即开始，将你讲的每一句话都同步转换为文字，并作为客户信息分类保存。如果电话还需要转接，这个文本也会一并传递给下一位工作人员，他一看屏幕就明白了你的问题，省去了反复沟通的麻烦。即使语音识别猜错了，你打电话其实是因为你买了一本书，结果发现买错了，同样可以快速处理。

所以你看，语音识别直接提升了电话中心的工作效率，不仅帮我们减少了无效沟通时间，还降低了平台的客户服务成本，过去要三四个人干的活，现在一个人就能包了。马云不增加一个人的目标就这么实现了！

如果人工智能听懂了你说的话，下一步，它就要开口说话了。这就是新型的人机交互。交互，就是指我们和机器的互动与交流。人机交互，即人类如何控制机器、和机器交流。我们经常能在科技馆或商场里看到一个机器人，看起来笨笨的、傻傻的，但很可爱，关键是你可以跟它简单对话。

　　"请问恐龙馆怎么走？"

　　"往前直走。"

　　抬起头一看，恐龙馆的大牌子就在不远的前方，自己竟然找了半天。

　　第一次人机交互的革命发生在 1984 年，苹果电脑的操作系统采用了图形化界面，即通过鼠标点击窗口、菜单、图标等图形完成操作。在此之前，人类必须通过代码和计算机交流，这就意味着，只有通过专业的培训才能操控计算机，非常不方便。而图

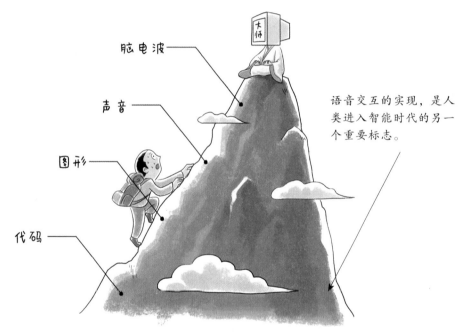

脑电波

声音

图形

代码

语音交互的实现，是人类进入智能时代的另一个重要标志。

人类和计算机交互方式的变迁

　　除了用声音和机器交流，大部分科学家相信，未来人类将可以用眼睛和脑电波直接和计算机交流，这些技术的雏形现在已经出现了。

形化界面美观、快捷，所见即所得，所以大受欢迎。事实上，正是这一次人机交互革命的成果，让计算机走入了寻常百姓家。

现在，我们将见证人机交互界面再次发生深刻的革命。这一次，即通过声音来控制计算机，实现智能性交互，最终要把"人机交流"变成像"人人交流"一样简单和直接。

用语音交流的形式已经出现了，而且非常成熟，如百度、谷歌提供的语音式搜索，华为、苹果等手机提供的语音助理，车载导航甚至有上百种方言供你选择，给你指路。

我们手机上的智能助理已经可以理解用户的生活语言，帮助用户完成一些简单的日常事务，如发送信息、安排会议和拨打电话等。未来，类似的"个人助理"可以完成更多的事务。例如，你想写封邮件，可以和手机展开以下的对话：

你：我想发封邮件给我的同学江涛。

手机：是在华南理工大学学习的江涛吗？（你的联系人当中可能还有一个同音的名字"姜涛"）

你：对！

手机：你想跟他说什么？

你：下周一晚上8点，我们在中山大学北门的星巴克见面。

手机：你在下周一晚上已经有一个约会了。

你：那就安排在下午2点。

手机：邮件准备好了，是保存还是发出？

……

未来的这种人机交流，在一定程度上，甚至比人人交流还要简单。因为面对机器，你可以省去人际交往中的繁文缛节。这一点，我们在很多反映未来的电影中早有体会。人机交互的这种革命将改变我们对计算机的认识和态度，甚至感情。人类会更加依赖计算机，进入一种更为亲密的人机共生状态。这种以声音为载体的人机交互形式，也将拉动新一轮人工智能的增长和创新，蕴藏着无尽的商机。

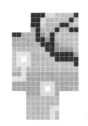

11
独孤求败

计算机怎么听?

小学的科学课程有一个知识点:声音是一种波,是由物体的振动产生的。

我们也可以把语音识别理解成一个声波,结合之前关于汉字查表对照的问题,即每一个不同的振动都代表不同的字,语音识别就是要把那个字找出来。

以汉语为例,我们都学过拼音,每个字都有一个拼音,不同的拼音就是不同的波,因此我们首先可以通过不同字的发音,把一个字查出来。当然,人类的语言其实极为复杂,汉语里有很多同音字。例如,我们根据声音的声学特性识别出来两个字:

"diàn yǐng"，那么这两个字更可能是"电影"，而不是"店影"或者"垫颖"，因为"电影"这两个字在汉语表达中具有一定的意义，并且经常出现。

所以，计算机并不是真的像人一样聪明，可以理解人类，而是通过大量的数据，建立音素和词汇的表，通过查表来理解人究竟说了什么。简单来讲，语音识别就是把语音拆分成一个个的片段，让机器反复练习，从而学习到人类的发音规律。

具体过程是这样的：把一段语音分成若干小段，这个过程叫分帧，每一帧都是一个状态，好几帧连在一起就是一个发音，即一个音素，把一句话转化为若干音素的过程利用了语言的声学特征，因此执行这一任务的算法板块，叫作声学模型。但仅仅确定了音素（即拼音）还不行，因为有很多同音字，要从当中把正确的文字挑出来，组成意思正确的一个词语或者一句话，这个任务才算完成了，这个算法板块被称为自然语言处理（NLP），这是最难的部分。

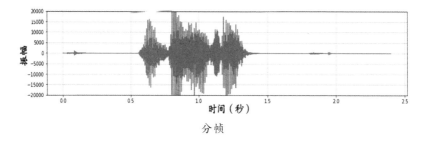

分帧

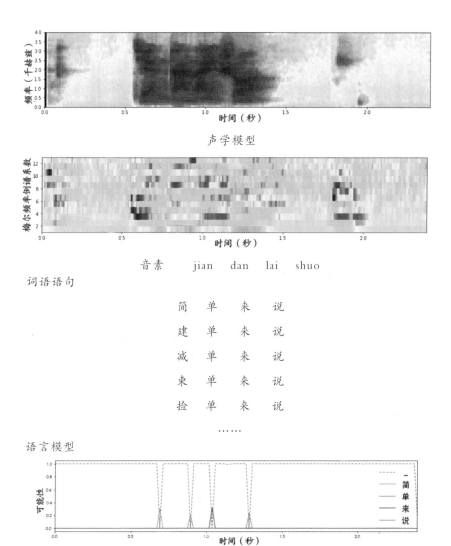

声学模型

音素　　jian　　dan　　lai　　shuo

词语语句

简　　单　　来　　说

建　　单　　来　　说

减　　单　　来　　说

束　　单　　来　　说

捡　　单　　来　　说

......

语言模型

语音识别的流程

这两个板块的算法都需要大量的数据训练，人工智能的专家称之为语料，包括录制语音、提供和语音一致的精确文本。再通过机器学习分别提取它们的特征，如音调是什么、语速有多快。每一句训练语料的声学特征和文本特征，都需要在机器学习算法中反复训练，最后形成真正的语音识别声学模型库。这个库，也就是我们反复提到的表，或者说工具书。

因为深度学习技术的进步，语音识别的准确率最近几年得到

了大幅度提升，市场上出现了大量机器速记和语音翻译产品。例如，中国的科大讯飞董事长刘庆峰介绍，其速记系统的准确率已达到97%。在另外一个小型汉语基准测试中，机器听力的错误率只有3.7%，而一个5人小组的错误率为4%。我们也可以说，机器的语音识别能力已经超越了普通人。

除了语音识别，通过机器的听音辨声还可以识别一个人的身份，甚至一个人讲话时的情绪。对专门的声音，如音乐，机器听觉还有旋律识别、和弦识别和体裁识别等精细化的应用。也就是说，机器人可以听懂音乐。

沃森的绝杀

开口说话，则是声音和文字转换的一个逆过程。这个过程，其实比声音转换成文字更简单，人类很早就掌握了。语音识别更难的原因，是不同的人说话有不同的口音或方言。

IBM设计的机器人沃森，就是先有"嘴巴"，再有"耳朵"的。

2011年2月，沃森参加了美国的电视综艺节目《危险边缘》。该节目是一个智力竞赛，由主持人自由提问，两边是节目当中海选出来的两位堪称全美国最博学的人，中间是机器人沃森，问题可以是天文地理，也可以是娱乐八卦。沃森在接收到问题之后，会同时运用不同的算法，在两亿个文档中寻找、计算答案，然后按下抢答器，用语音合成的技术像人一样大声说出答案。唯一不足的是，受限于当时的语音识别技术，沃森是以文本的形式接收提问人的问题，而不是主持人的声音。也就是说，当时的沃森只有"眼睛"和"嘴巴"，没有"耳朵"，无法听懂主持人的问题。

这场人与机器人的巅峰较量，是在 IBM 的一座研究大楼里进行的。沃森在和人类打了两轮的平手之后，在第 3 轮中最终胜出，赢得了 100 万美元的奖金。

当时，沃森的体积其实很大，可以占满小半个房间，因此被放在幕后。到 2014 年 1 月，IBM 已经把沃森的体积缩小到 3 个比萨饼盒子大小，成年人可以轻松将其提走。

棋王争霸

有眼、有耳、有嘴，能看、能听、能讲，机器人不断更新升级装备，越来越像人了。但机器要成为"人"，还需要一个十分必要的条件——有大脑、会思考。

前面已经讲到过，从人工智能这个概念正式诞生之日起，机器就开始不断冲击人类的思考能力，而标志性的突破，就是下棋。

2016 年 3 月 14 日，谷歌的算法阿尔法狗（AlphaGo）与世界围棋冠军、职业九段棋手李世石对决，最终以 4：1 获胜。

先来看一篇报道：

最近几天，AlphaGo 大战李世石引发各方关注。而早在半年前，时任阿里巴巴副总裁涂子沛就已经经历了一次"千万豪赌"。

2015 年 8 月 30 日，在中山大学校友会会长论坛上，涂子沛作为大数据专家，受到了挑战。上海校友会的一位副会长是围棋高手，两人在论坛上开始争论，机器人能否战胜人类围棋冠军，涂子沛的答案是"能"。双方进行了1500万元的约定，赢了则捐给母校中山大学。

一个月之后，谷歌公司的人工智能程序AlphaGo就在秘密试验中以5∶0战胜了人类职业选手——欧洲围棋冠军樊麾二段。

"当时校友挑战我说，阿里巴巴能否开发一个算法战胜人类？当时我对阿里巴巴愿不愿意、能不能完成这件事没有把握，但我非常肯定，人工智能一定会在围棋上战胜人类，只是没想到来得这么快。"3月12日，《大数据》的作者、阿里巴巴前副总裁涂子沛在接受《21世纪经济报道》的记者独家采访时，发出了这样的感叹。

《21世纪经济报道》：您曾经预言人工智能一定会赢，怎么看待当前的人机大战？

涂子沛：围棋只是一项博弈游戏，公众舆论把这件事的重要性扩大了。人落后机器并不是第一天存在，围棋和国际象棋并没有本质区别，都还是有限计算，只是棋盘更大，可能性更多。但这恰恰是计算机的长处。只要是有限计算，计算机都是强过人类的。

《21世纪经济报道》：为什么会产生如此大的关注度？

涂子沛：这反映了我们对过去的认识不足，对未来的想象不够。"深蓝"曾经战胜了人类国际象棋冠军，中国人对国际象棋不敏感，而围棋又是一个东亚的棋类，西方很少有人关注。人工智能在游戏上取胜的风口已经过了。

《21世纪经济报道》：剩下的比赛，您怎么看？

涂子沛：比赛前，我预测的是5：0。出现一局赢了又能怎样，机器是一定会胜过人类的。即使人类赢了一局，机器回去改善算法就行了，在有限的空间上人类没法与机器抗衡。在不远的三五年内，人工智能必将在棋类等领域碾压人脑，机人对弈将每局必胜，这是必然。

……

人机围棋大战是人工智能崛起的标志性事件。阿尔法狗在战胜李世石之后，又在网上与中国、日本、韩国等数十位棋手比赛，连胜60局，没有一次失手。2017年5月，在中国乌镇围棋峰会上，阿尔法狗又以3∶0战胜了世界冠军柯洁。

至此，大众普遍认为阿尔法狗的围棋水平已经超越了人类的顶尖选手。棋类游戏的竞技一向被视为智商水平的比拼，阿尔法狗的取胜引起了一阵恐慌和讨论，人工智能在智商上是不是已经完全超越人类了？

其实，我并不这么认为。人工智能下棋赢过人类，已经不是第一次了。卡斯帕罗夫是国际象棋的世界棋王，他1963年出生，22岁就在棋坛上封王，保持棋王头衔长达21年。曾经有一场比赛，卡斯帕罗夫一人对抗来自全世界75个国家和地区的5万名国际象棋高手，也就是卡斯帕罗夫一人一边，其他5万人一边，5万人可以讨论，

然后投票决定下一步的走法，讨论时间可以是一天，即一天下一步，经过 4 个月的拉锯战，5 万人弃权认输，卡斯帕罗夫最终获胜。

1996 年，卡斯帕罗夫和 IBM 的机器人"深蓝"对决，卡斯帕罗夫以 4 ∶ 2 获胜。1997 年，"深蓝"回炉深造之后再战，这一次卡斯帕罗夫以 2 负、3 和、1 胜输了比赛。尤其是最后一

虽千万人，吾往矣！

局比赛，心力交瘁的卡斯帕罗夫在 19 个回合后溃败认输。

卡斯帕罗夫和"深蓝"对弈的现场

2017 年，卡斯帕罗夫在 TED 的演讲中回顾这场比赛，他是这样说的：

> 1996 年 2 月初遇"深蓝"时，我已稳居世界冠军超过 10 年，与顶级选手进行了数百场的较量，我能够从对手的肢体语言中判断出他们的情绪状态和下一步棋会如何走。

> 但是，当我坐在"深蓝"对面时，我立即有一种崭新的、不安的感觉。正如你第一次坐在无人驾驶汽车里，或上班时"计算机上司"向你发出命令时一样，我无法预测它到底要做什么。

> 最终，我输了比赛。我不禁纳闷，我深爱的国际象棋就这样结束了吗？这是人为的疑虑和恐惧，而我唯一能够确信的是，我的对手"深蓝"并没有这些烦恼。

这位棋王的智商是190，被认为是当今世界最聪明的人之一，他会15国语言，还是数学家、计算机专家，经常在这两个领域发表自己的观点和见解。他的这段话，其实揭示了机器能够战胜人类的一个重要原因，那就是"以无情对有情"。这有点儿像武侠小说中高手的巅峰对决，谁先沉不住气，谁先露出破绽，谁就输掉了比赛。

人有情绪，会犯错，领先时易大意，落后时会焦虑，在进行重复性工作时会分心，这些都是天性。一场围棋比赛动辄10多个小时，对弈双方殚精竭虑，高手过招，往往是在等对方一不小心犯个错误。人类棋手比赛的时间越长、压力越大，犯错的可能性也就越大。但机器无情，相比之下，它永远是稳定的，不会因为分心或者紧张而犯错误，只要它有电。

就此而言，有感情的人类注定要输给没有感情的机器。

当然，这个前提是"深蓝"要和卡斯帕罗夫棋力相当，那"深蓝"和阿尔法狗究竟是怎样学会下一手好棋的呢？

要讲清楚这个过程，我们引入一个新的概念，叫强化学习。

以阿尔法狗为例，阿尔法狗首先学习了人类 16 万场棋局的棋谱，它用的方法是深度学习当中的监督学习。在不断调整各个神经元的参数之后，它可以模仿一个人类棋手的风格下棋。但问题是，这 16 万场棋局的棋手水平有的高、有的低，经过了这样的训练，学习了他们的方法，并不能保证会成为一个顶尖高手。换句话说，即使学习了围棋世界冠军李世石、柯洁的下棋风格，很可能也就是和他们打个平手，并不能青出于蓝而胜于蓝。

阿尔法狗的第一个秘密，是自己和自己下棋，就是我们普通人说的左右手互搏，普通人一天最多只能下十几盘棋，而阿尔法狗一天可以自我对弈 3 万局，这就是它自己产生新的训练数据，而不用向人类的棋谱学习；第二个秘密，是它每下一步棋，都要评估这步棋是好是坏，计算这步棋对全局赢面的贡献，一步棋不仅会影响当前的棋面，还会影响后续每一步棋的棋面。阿尔法狗要计算的，是这种累积影响和回报。学习者在大量地尝试之后，根据每一次计算的回报率来确定哪些行为可以得到更高的回报，进而强化这些行为，这就是强化学习。对我们普通人来说，棋艺的高低在于你能看到几步以后的棋势；而对阿尔法狗而言，它完全能够根据一步棋，看清楚接下来几十步，乃至全局的形势，对人类棋手而言，这是相当可怕的。

通过引入强化学习，阿尔法狗可以通过自我对弈来提升棋力和棋艺，它几乎摆脱了人类棋谱的影响，这是一种自我、自主的学习，展现了人工智能极其巨大的潜力。它还不断地进行自我升级，升级后的阿尔法狗被称为阿尔法元（AlphaGo Zero）。阿尔法元再和阿尔法狗下棋，取得了 100∶0 的胜利。

所以，李世石、柯洁等围棋冠军没有任何可能不输，今天的阿尔法元，已经进入了"独孤求败"的状态。

12
从开车到开药，
新的里程碑

再见了，人类司机！

如果说前几年的阿尔法狗让公众惊叹不已，接下来让人充满期待的人工智能应用，可能更接近人们的日常生活，那就是无人驾驶。顾名思义，它指的是汽车可以自动行驶，完全不需要人的干预，其本质是把驾驶的任务"外包"给机器人。

这，靠谱儿吗？

毕竟，开车不同于下棋，虽然都在挑战机器人的思考和判断能力，但两者差异巨大。下棋最坏的结果就是输得惨不忍睹，而无人驾驶汽车一旦上路，面对的就是一个动态的、开放的复杂空间。道路四通八达，路面情况各异，各种障碍物、车辆、行人乃至打雷、下雨，情况千变万化，即便是一个老司机，也难以做到万无一失。一旦失误，可是以牺牲生命为代价的。

汽车不停地在路面上行驶，每一秒钟都可能遇到新的情况，需要不断且迅速地调整决策。和下棋一样，无人驾驶被认为需要极高的思考和判断能力。

毫无疑问，要实现无人驾驶，首先要有"眼睛"。对无人驾驶汽车来说，最为昂贵的部分，就是激光雷达、摄像头、红外照

相机、全球定位系统（GPS）和一系列的传感器等感应设备，仅仅一台高级三维激光雷达就价值 7 万美元，约占其全部装备价格的一半。

正是通过这些感应设备，无人驾驶汽车可以不断地收集路况信息、地理位置、前后车辆精确的相对距离、车流的移动速度、道路两旁出现的交通标志和前方的交通信号等数据。

仅有 GPS 还不够，在无人驾驶汽车上路之前，无人驾驶汽车的开发公司，如谷歌、百度，必须派出大量的工程师在所有的道路上亲自驾车，以收集各个路段物理特点的三维立体数据，然后把这些数据添加到一个高度详尽的立体地图上。当无人驾驶汽车上路行驶时，通过从传感器和摄像头上收集来的数据制作出车身周围景象的三维形状，然后与系统自带的三维地图进行对比，以快速识别自己的方位和环境。这也可以理解为一种查表，这种查表每秒钟可能要进行上百万次。根据查表结果，算法在极短的时间内做出判断，是减速、加速、并线还是拐弯。

这种技术叫作同步定位和构图，以前由于计算量太大，需要很长时间。但随着图形处理器（GPU）的普及，今天已经可以瞬间计算出来。

例如，系统在对两种数据进行对比之后会提示汽车：前方

1000 米处有一个交通灯。镜头会立刻启动寻找那个灯，并识别信号灯的颜色，如果没有这种提示，临近现场时才开始识别，反应难度就会大大增加。又比如，通过和原来收集的数据对比，无人驾驶汽车才能识别路边的物体是原来就有的路灯杆，还是其他障碍物，比如正在移动的行人。

可见，无人驾驶汽车思考的基础还是查表。没有事先建表的地方，无人驾驶汽车根本就不能去。例如，中国、印度、韩国等国家是不允许谷歌为其地图收集数据的，也就是说，谷歌的无人驾驶汽车，根本不可能销售和进入这些国家，因为没有数据可供查表。

但这也不意味着未来每一辆车都需要有思考的能力，欧洲汽车巨头沃尔沃公司提出了公路列车的新理论。他们认为，公路上的车队就好像是由一辆一辆的汽车组成的火车车厢，火车只需要有车头的正确带领，整个车厢就可以前进，如果公路上的汽车也有个头车，大部分汽车就能跟着走。换句话说，只要头车有思考和判断的能力，其他车只需要在公路上找到头车就行了。

按照这种设计思想，2012 年 5 月，沃尔沃公司组织了一个 5 辆车的车队，只有头车有人驾驶，这 5 辆车在西班牙巴塞罗那的公路上顺利完成了 200 千米的测试。

　　2018 年 6 月，沃尔沃公司又在瑞典进行了无人卡车的公开测试。只有一名司机坐在头车上，3 辆卡车自动起步、交替行进、蛇形转弯，所有的动作都通过算法和网络完成。由于 3 辆卡车之间车距相当，有效减小了空气阻力，节省了 25% 的燃油。

　　无人驾驶汽车将引起一系列的社会变化，它的影响并不仅仅局限在汽车行业。随着人类从驾驶中解放出来，未来的汽车不仅仅是个交通工具，还是个会移动的娱乐中心、工作间和休息室。

因为是算法控制、没有人驾驶，无人驾驶汽车将减少一批传统汽车必须装备的操控设备，如方向盘、油门和刹车踏板。这意味着车里的空间变大，车重减轻，耗油量也会有所下降，为全世界节省能源。

此外，有研究表明，90%的交通事故都是人为因素造成的，情绪不佳、酒后驾车、疲劳驾驶等都是"马路杀手"。但机器人没有情绪，也永远不会疲劳，保守估计，由人为因素导致的交通事故将下降80%。这不仅将减少社会损失，提高人类的生命安全，也将重构未来的汽车保险行业。

2012年8月，谷歌宣布旗下的20多辆无人驾驶汽车，已经完成了约270万千米的安全行车测试。在整个过程中，车队只发生过11起轻微的交通事故，事后的判定还证明了责任并不在无人驾驶汽车。即使和人相比，这个纪录也是很了不起的。

谷歌和沃尔沃的努力，无疑将推动无人驾驶汽车的市场化。而何时才能市场化，也是全世界都在讨论的话题。

要加快无人驾驶汽车的问世，不能仅仅依靠人工智能，而是要反其道而行之，从"人工"向"智能"靠近——改造道路。现在的城市道路是为人类驾驶而设计的，如果我们修建更适合无人驾驶汽车的道路，并在道路两旁装配一套更方便机器感应、识别的标识系统，无人驾驶汽车的可行性、安全性将大大提升。专门的、封闭式的道路，作为一个封闭的空间，机器做得比人好的可能性就更大。

这意味着，人类必须重建城市的道路体系，就像 100 多年前汽车被发明出来的时候，人类修建了适合汽车行驶的公路，全面代替了马车走的土路。而在资金如此充足、技术无比先进的今天，为无人驾驶修建全新的马路又有何不可呢？

我敢开药，你敢吃吗？

除了下棋、开车，人工智能会思考的例子还有很多，如打车、定价、个性化新闻和广告的推送等。但另一个有特别意义的、值得拿出来的论题，就是人工智能在医学上的应用。

阿尔法狗学习了海量的棋谱，包括围棋高手对决产生的人类棋谱和人工智能之间下棋产生的新棋谱，从而成为围棋高手。如果人工智能学习的是病历，又会出现什么结果呢？病历和棋谱，其实有相似之处，棋谱记录了对弈双方思考和对抗的过程，而病历则记录了医生和疾病的对抗过程，治疗，也是一种对抗。

读过海量棋谱的阿尔法狗，最终能够预测人类落子，从而战胜人类棋手；那读过大量病历的人工智能，是不是也技高一筹，能够对症下药，战胜和人类"对弈"的病魔呢？事实上，人工智能未必需要战胜所有的疾病，它只需表现得比医生更好，比医生更稳定，就有着巨大的价值。

再换个角度看，人类有大约几千种常见的疾病，以及几万种常见的药品。而人工智能的使命就是要在这几千种疾病和几万种药品之间进行有效的匹配，而快速匹配正是人工智能的强项。例如，拥有 1500 万名司机和近 3 亿用户的滴滴出行，可以在上亿的对象中实现有效的、快速的匹配，其匹配的依据是双方各自的

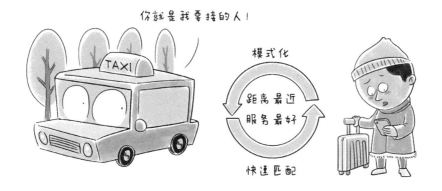

滴滴出行平台上的人车匹配

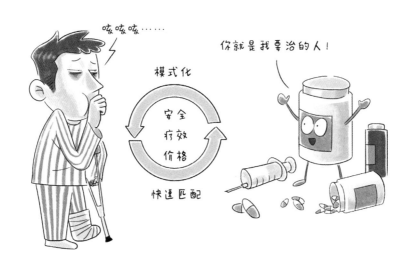

疾病和药品的匹配

时间、地点、状态和路线等。计算量非常庞大，但这正是计算机的优势。不妨设想，一旦掌握了大量的患者数据和诊疗方案数据，人工智能也可能在疾病和药品之间实现有效的匹配，并通过算法实现对症下药。

人类正在朝这个方向努力。IBM 开发的机器人沃森在完成了电视比赛之后，又学习了治疗癌症的病例，记住了超过 300 份医学期刊、200 余种教科书及 1500 多万页资料的关键信息，为癌症患者提供精准诊疗。自 2016 年开始，沃森已经分别在浙江省中医院、天津市第三中心医院落地，辅助中国的医生坐诊。

现代医院的接诊效率仍然较低，一名医生再能干，一次也只能看一名患者，一天能接待的患者数量是极其有限的，十几个号可能就会让一名医生忙上一天。患者在医院的大部分时间还是排队和等待。

所以，医院总是人满为患，中国是这样，国外也是这样。社会迫切需要一种低成本、高效率，低门槛、高精度的诊疗办法取而代之。

人工智能在医疗领域有巨大的想象空间，前面谈到过，未来每个人的生理数据，都可以源源不断地被上传云端、实时分析，每个人都会有一位人工智能医生，给他提供有关健康的实时反馈

和意见，并针对他的疾病开出药方，这将极大地简化当前烦琐的看病流程。你再也不用为一点儿小病却排不上号而发愁了，而医生也不用为了看不到头的病患而徒耗体力，可以将精力放在研究治疗疑难杂症之上。

那医生这个职业会消失吗？我认为是不会消失的，但其工作方式将会发生重大变化。未来的医院，将成为患者、医生和人工智能三者共生、互相协作的场所。如果有一天，人类真的可以放心去吃人工智能医生开的药，这将成为人工智能的一个里程碑。

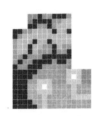 # 13
你会被替代吗？

　　说到机器人能完成的工作越来越多，在充满对未来畅想的同时，我们又会不可避免地想到一个问题——我们还能做什么？机器人可能代替人，很多人将失去工作，成为多余的人。

　　曾经，人类自诩为万物之灵，是整个地球最有价值的存在。而现在，人工智能开始以一种不断学习、不断奋进、不断突破的姿态挑战人类，它在解放人类劳动力的同时，也可能剥夺人类的工作机会。最让人难堪的是，它还会自我学习，连老师也免了。这样一个油盐不进、滴水不漏的机器人绝对是职场红人、打不死的"小强"啊！

　　下面这幅漫画形象地表明了当下人类与机器人两个世界的状

态:人类无比忙碌,他们即使在街道上行走的时候,也在低头查看自己的手机。我在《给孩子讲大数据》里说过,人类看手机上瘾,这不是学习,而是一种信息消费,浪费了人类大量的时间和注意力。而另一边,机器人也是低头一族,但不一样的是,机器人正沉浸于读书、绘画和学习。

如果一个机器人可以学习，那它几乎可以做到任何事情。我们已经详细地讲解过机器人是如何学习的，它能战胜围棋的世界冠军，就一定程度上减少了职业棋手的存在价值。当然，它也完全可能在围棋之外的领域战胜人类，挤垮另一部分人。

　　想象一下未来的残酷。

　　简单的体力劳动者，直接被淘汰；简单的脑力劳动者，直接被淘汰。

　　你读万卷书，行万里路，终于考上大学，学有所成时，机器人来了，你将会跟一个机器人竞争岗位。在面试官面前，你开始细数自己的优势。面试官面带微笑、一声不吭地听完你的唠叨，最后几句话就把你打发了。

　　"你能确保零失误吗？"

　　"这个……"

　　"你能不吃饭、不睡觉，永远精神饱满、不知疲倦吗？"

　　"这个……"

　　"你能全年无休吗？"

　　"我……"

　　"对不起，你不符合我们公司的要求。"

是呀，机器人的身体不知道比你强壮多少倍，计算能力不知道比你强大多少倍，你吃饭、睡觉、休息一样都不能落下，它却可以 24 小时不眠不休，你还怎么跟人家竞争？

任何人都不想面对这么尴尬的局面。大部分科学家、经济学家都相信，随着人工智能时代的到来，那些重复性的、日常性的工作将逐渐被机器所取代。在这些岗位上，机器人甚至比人还可靠，能把工作做得更好。那我们所忧心的这种大失业到底会不会出现呢？

能看到多远的过去，就能看到多远的未来。我们可以从历史中寻找启发。

今天我们向智能社会的转型，和 100 多年前从农业社会向工业社会转型之时颇有相似之处。当时，工作机会从农业大规模地向工业转移，100 年前，每 3 个美国人当中就有一个农民，今天的美国，只有 2% 左右的农民，即每 50 个人中只有一个农民，但生产的粮食不仅够美国人自己吃，还支撑美国成为世界上最大的农产品出口国。而减少的农业人口最终流入了制造业，工业极大地刺激了全社会的需求，原来吃饱穿暖就行了，现在人们需要电视、冰箱、洗衣机、汽车，生产线上需要更多的工人。最终，工作机会的蛋糕变得越来越大。

按这个规律类推，面对向智能社会转型的挑战，工作机会的蛋糕会不会像工业时代一样，最终变大呢？

照片墙（Instagram）是一个基于互联网的照片分享网站，拥有 3000 多万用户。2012 年 4 月，它被脸书（Facebook）以 10 亿美元的高价收购。这个时候，整个公司只有 13 个人，13 个人就能服务 3000 多万用户。瓦次普（WhatsApp），一个基于智能手机的社交媒体软件，在全球拥有 4 亿用户，在 2014 年被脸书以 190 亿美元的天价收购时，整个公司只有 53 个人。53 名员工，服务全球 4 亿用户，这已经完全不是传统工业可以想象的了。

而 2013 年宣布破产的柯达公司，曾经是工业时代的行业巨头，其雇员最多的时候达 15 万人。今天的企业，首先在基因上就完全不同于工业时代的劳动密集型企业。未来智能社会的主流企业，一定是知识密集型的企业，就企业的大小而言，将会缩小，而不是变大。

看到前文描述的有关农业时代向工业时代转型的经验，我认为未来一定会发生的是人类职业的一次大洗牌，有一些职业一定会消失。和今天的人类相比，智能时代的人类必须要拥有新的知识结构。也就是说，如果这一代新人不具备新的知识结构，大失业的情况就很可能会发生。不要沉浸在"葡萄美酒夜光杯"的想象中，人工智能社会一定会有很多美好，但绝不是只有快乐没有痛苦。我们都会在有生之年经历这样一个时代，特别是青少年朋友，更需要有清醒的认识。

那么，有哪些职业肯定会消失呢？牛津大学的奥斯本教授曾经对所有的职业做过一次预测，其他国家也有一些教授做过类似的分析，比较一致的看法是，以下16种职业被人工智能取代的可能性最大：

1. 电话推销员

2. 仓库管理员

3. 打字员、速记员

4. 会计

5. 保险业务员

6. 银行职员

7. 文员

8. 接线员、客服

9. 前台、保安

10. 建筑工人

11. 专利代理人

12. 批发商

13. 人力资源管理者

14. 驾驶员

15. 电器、机械组装工人

16. 食品制造工人

回望工业革命发生的时候，欧美等国家都建立了大量的学校，来培养新的产业工人。未

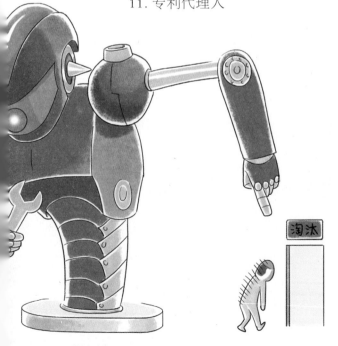

淘汰

来的智能时代，我们需要更多的知识工作者、数据工作者和软件工作者，这一点是毫无疑问的，我们必须加大对这方面人才培养的力度和储备。如果你在未来 30 年还需要工作，那我建议你必须拥有以下的知识结构，我依据重要性给它们做了一个排行：

1. 与人沟通和交流的技巧，如讲故事的方法和技巧

2. 数学

3. 数据科学，如传统的统计学和现在的机器学习

4. 计算机编程

5. 创新的思维和方法

6. 外语

7. 艺术

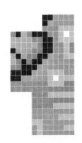

14
达摩克利斯之剑

对我们来说，机器人可能距离我们还稍微有一点儿遥远，但在我们的智能手机里，已经有了很多人工智能的应用。美好的时代尚未到来，我们财物的收割机已经悄然启动，形成了对人类社会的第一轮冲击波。

电商一向被认为是物美价廉的代名词，可真实情况是这样吗？2018 年 2 月，一名中国网友在微博上讲述了自己遭遇大数据"宰客"的经历。他经常通过某旅行网站预订某酒店的房间，价格常年为 380 ～ 400 元。偶然一次，酒店前台告诉他淡季价格为 300 元上下。网上居然比线下还贵，这是什么道理？他用朋友的账号查询后发现，果然是 300 元。但奇怪的是，用自己的账号去查，还是 380 元。一个秘密就这样被捅破了，这是"互联网 +"社会声称要推动人类社会进步的互联网经济，打向人类的一记响亮的耳光。

这条微博引发了网上的"大吐槽"："我和同学打车，我们的路线和车型差不多，我要比他贵五六元。""选好机票后取消，再选那个机票，价格立马上涨，甚至翻倍。"……

《科技日报》在报道这则新闻时，打出了"大数据杀熟：最懂你的人伤你最深"的标题。所谓"熟"，其实就是通过消费者的数据掌握了消费者的底细，知道来的是什么人，可以看客叫价。这相当于商场的店员看见开着高级车、穿着名牌衣服的客户进来，就喊出高价。他们的逻辑是，同一件商品，如果马云来买，当然应该更贵一些。

据不完全统计，包括滴滴出行、携程、飞猪、京东、美团和淘票票在内的多家互联网平台，均被曝光存在"杀熟"的情况，特别是在线差旅平台更为严重。

"杀熟"的渊源可以追溯到更早的"千人千面"。2013 年起，手机购物的趋势已经非常明显，世上的商品千千万万，手机的屏幕却只有一个巴掌大，这决定了不能眉毛胡子一把抓。于是，主流的电商公司，如阿里巴巴，尝试了一项开创性的工作，它让每

一个消费者每一次打开淘宝看到的都是不同的商品，即给每个消费者定制一个动态的首页，其中呈现的商品可能就是消费者这次需要购买的物品，一千个人就有一千个不同的首页，这就叫"千人千面"。

这就好比让顾客走进一家实体商店，每次他都发现这次想买的商品就摆放在离他最近的入口处。当然，这样的摆法和变换在实体商店是根本无法实现的。原因很简单，超市无法同时满足这么多人的需求，也养不起这么多的搬运工。

当然，"千人千面"的基础就是人工智能，没有人工智能，这是不可能实现的。假设你有 100 万个顾客，现在需要人工处理他们的数据，一个人处理一条数据就算用 10 秒钟，要把 100 万条数据处理完，即使每天一刻不停地工作 8 小时，也需要大约一年的时间，更不用说一个顾客一周可能会有好几条，甚至好几十条购买记录，人工处理显然是完全不切实际的。

例如，在手机上购买机票，算法可以通过大数据判断用户的经济水平，当用户进入购买页面时，高收入者看到的都是商务舱机票，而中低收入者看到的则是打折机票。即使同一张商务舱机票，针对不同的人也可以显示不同的价格。你买过一次高价票，说明你对高价不敏感，那继续卖你高价。这就从"千人千面"演变为"千人千价"了。

"千人千面"和"人工智能"深刻地改变了商家和消费者的关系。在传统的商超，价格一经公开，所有的消费者都享受一样的价格，如果价格不合理，商家就会受到众人的质疑，商家和消费者是一对多的关系，因为众怒难犯，商家轻易不敢打歪主意。但在"千人千面"的时代，商家和消费者变成了一对一的关系，价格是隐秘的、单行的，价格合不合理，消费者只能靠自己判断。

正所谓，手机连接了我们，却又割裂了我们。

我们走出信息匮乏的孤岛，又进入一个信息隔离的孤岛。

因为有人工智能，虽然是同一部手机，但每个人输入的数据不一样，服务的结果也可能不一样。除了千人千价，利用算法联合同行，协同拉高价格，也可能成为未来互联网商业的新常态。

这是 2011 年发生的一起真实案例，有人突然发现，亚马逊购物网站上有一本书的标价竟为 170 万美元。其后的一星期，它的定价还不断飙升，最终创下了 2369 万美元的天价。

这本书难道是黄金做的吗？当然不是，这只是算法造成的一

个荒谬的错误。卖家在使用算法定价，他的算法紧盯他的同行：如果他的同行涨价，他也涨价。恰恰其中一位同行也用算法紧盯他的定价：如果你涨，我也涨。结果，其中一方的微小调价导致两个算法陷入了加价的恶性循环，你来我往，不断推高对方的定价，最后攀升到天价。

其实只要在算法中加一个"if...then..."（如果……那么……）的封顶语句，就不会出现这样愚蠢的错误。不过，这偶然间曝光了电商定价规则未必透明，网上定价机制不只有阳光的一面，也有不为人知的漏洞。

当然，今天的算法不会再让消费者轻易看到痕迹。例如，对滴滴出行平台上的动态定价，我们都很熟悉，高峰时段贵一点儿，雨雪天气贵一点儿。这很正常啊，人家司机也不容易，大部分人认为没有问题，但正是因为动态定价，美国的优步公司被告上了法庭。

　　动态定价被认为是一种算法合谋。为什么这么说？在用车高峰期，所有的优步司机都在使用动态定价的算法。这个涨价的算法是事先约定的，是优步公司提前开发的，但如果没有这个算法，司机就会各自定价，很多司机可能选择遵从，也可能选择违背。他们不会像算法一样统一喊出高价，市场就会处于更加自由的竞

争状态。而通过这个算法，优步获得了更高的提成，市场则失去
了自由。

自诞生以来，一个算法是如何设计的，是一个商业公司的核
心机密。对所有消费者而言，算法就像一个黑盒子。除了公司的
高级管理人员和算法开发人员，一个公司绝大部分的员工都无从
知晓黑盒子里面的秘密，更不用提普通的消费者了。

这样的算法有没有可能突破市场竞争的法则？从优步的定价
看，极有可能。这样看来，我们需要给算法制定一个规则，将算
法关进笼子。将算法的开发和设计列为商业秘密，可以理解，但
算法的逻辑和功效，应该是需要公开的。这就好像药品，其制药
的过程可以是商业秘密，但药的成分和功效却是应该，也是必须
要公开的。

其实，考虑到算法对人类生活方方面面的重大影响，把算法
比作药丸或者是保健品，并不为过。比如，我们经常浏览的今日
头条 App，它的算法决定了它的读者可能会读到什么，这些读到
的东西，当然会影响一个人的心理、意识和精神的健康。读者有
知情权，也有选择权，我得知道你是怎么选的，还得知道我有没
有权利不选这些。

除了算法定价、千人千价的商业伦理问题，随着机器视觉和
机器听力技术的进步，表情可以复制，语音可以合成，一个人可

能被移花接木，变成另外一个人或者换一个面孔，我们很难限制这些技术不被用于造假，这些新问题甚至更严重。

2016 年 3 月，德国纽伦堡大学发布了一个名为"Face2Face"的应用。通过机器学习，它可以将一个人的面部表情、说话时面部肌肉的变化，复制到另一个毫不相关的人的脸上，即让目标对象说出同样的话，并让他的脸上出现和这番话相匹配的表情。"Face2Face"面部表情移植的准确率和真实度已经高到令人吃惊的程度，一般人难以看出端倪。

2017 年 8 月，华盛顿大学的研究人员发表论文称，他们把美国前总统奥巴马发表过的电视讲话放置在神经网络中让机器学习，在分析了数百万帧的影像后，机器掌握了奥巴马讲话时面部表情的变化，然后用唇形同步的视觉形式，让奥巴马讲出了一段他实际上从来没有说过的话。

在中国，同样的技术也出现了。2018 年 3 月，科大讯飞的董事长刘庆峰在参加两会期间接受记者采访时表示："科大讯飞的梦想，是让机器像人一样，能说话、会思考，如今科大讯飞的语音合成技术已经能让机器开口说话了，我们用机器模仿美国总统特朗普讲话，连美国人都信以为真。"

当然，这项技术可能被用于全世界任何一个人，包括公众人

德国纽伦堡大学"Face2Face"的表情移植

　　左上方为一个人在谈话时的表情变化，"Face2Face"可以将他的表情变化复制到一个新的目标对象上，再合成声音。例如，让美国前总统布什用另一个人的表情讲出同样的话。

物或明星，甚至国家领导人，这些造假的视频、音频和图片，在短时间内，即使专业机构也难以分辨。那世界岂不是要乱套了吗？人工智能越来越普及，它本身是中性的，无关善恶，但掌握人工智能的人是有善恶之分的。在不同人的手里，人工智能就是把双刃剑，既可以造福于民，也可以为害一方。

还有一个重大的问题也值得关注。

近 10 年来，人工智能进步很大，其中一个主要原因，就是大数据的出现。人工智能需要大量的数据进行训练，如果把人工智能比作一个婴儿，那数据就是奶粉，婴儿的成长是数据这个"奶粉"不断喂出来的。没有个人信息，也不会有商家的千人千面、个性定制，也不会有滴滴出行这样的打车软件产生。

虽然这些数据都保存在互联网上，但它们是千千万万普通人参与、使用互联网的服务之后留下的。而现在数据的所有权却出现了巨大的争议。争议的一方是互联网巨头，一个个膘肥体壮，打个喷嚏，地球都要抖三抖；另一方则是普通消费者。看起来，人人都是受益者，享受着互联网带来的巨大便利。可是，很少有人注意到，消费者可能正在失去最珍贵的东西——个人"数据"。我们还可能会因此承受巨大的代价——网络依赖、信息茧房、隐私权不保、选择权旁落等。

从根本上说，这源于人类对人工智能的控制欲。人们希望隐私权不被侵犯，希望掌握自己的命运，希望科技的发展能够成就自己，而不是被人工智能算计，置于人工智能的掌控之下。

人们希望人工智能的社会更加美好，有序而可控，而不是更加糟糕，它需要新的治理模式。即我们的科学家在不断发明新的人工智能应用的同时，我们的社会还要发明新的人工智能管理体系。这些任务任重道远，需要我们不断努力。